中国生态文明
建设中的水价值

识别、评估与实现

国务院发展研究中心
世 界 银 行

"中国水价值研究"项目组 著

图书在版编目（CIP）数据

中国生态文明建设中的水价值：识别、评估与实现/
国务院发展研究中心—世界银行"中国水价值研究"项目
组著．—北京：中国发展出版社，2022.12
ISBN 978 - 7 - 5177 - 1294 - 7

Ⅰ．①中… Ⅱ．①国… Ⅲ．①水资源—资源评价—研
究—中国 Ⅳ．①TV211.1

中国版本图书馆 CIP 数据核字（2022）第 084467 号

书　　　　名：中国生态文明建设中的水价值：识别、评估与实现
著作责任者：国务院发展研究中心—世界银行"中国水价值研究"项目组
责 任 编 辑：沈海霞　龚　雪
出 版 发 行：中国发展出版社
联 系 地 址：北京经济技术开发区荣华中路 22 号亦城财富中心 1 号楼 8 层（100176）
标 准 书 号：ISBN 978 - 7 - 5177 - 1294 - 7
经 销 者：各地新华书店
印 刷 者：北京市金木堂数码科技有限公司
开　　　　本：889mm×1194mm　1/16
印　　　　张：9.5
字　　　　数：207 千字
版　　　　次：2022 年 12 月第 1 版
印　　　　次：2022 年 12 月第 1 次印刷
定　　　　价：78.00 元

联 系 电 话：（010）68990642　82097226
购 书 热 线：（010）68990682　68990686
网 络 订 购：http：//zgfzcbs. tmall. com
网 购 电 话：（010）68990639　88333349
本 社 网 址：http：//www. develpress. com
电 子 邮 件：fazhanreader@163. com

中国生态文明建设中的水价值
识别、评估与实现

DRC
国务院发展研究中心
Development Research Center of the State Council

GWSP
GLOBAL WATER
SECURITY & SANITATION
PARTNERSHIP

WORLD BANK GROUP

目　录

| 图目录

"绿水青山就是金山银山"

序言一

隆国强

中华人民共和国国务院发展研究中心副主任、研究员

　　由国务院发展研究中心与世界银行联合开展的"中国生态文明建设进程中的水价值评估与实现"项目，是继双方成功合作的"中国水治理研究"项目（2016—2018年）基础上的新一轮合作研究项目。在中国政府各有关部门的大力支持下，在国务院发展研究中心党组书记马建堂先生、原副主任王一鸣先生的悉心指导下，经过中外双方专家的共同努力，我们已经顺利完成四个阶段的预期任务。本报告作为该项目的核心研究成果，现在付梓。在此，表示热烈祝贺！

　　水具有多重价值和意义，这些价值也可以体现在文化、精神、经济、生态、环境和社会等方面，并以语言、规范和文物等形式传承。与此同时，全球来自水的压力正日趋严峻，迫切需要采取行动。作为回应，联合国和世界银行成立了一个高级别水资源小组（HLPW），以领导应对世界上最紧迫的挑战之一——即将到来的全球水危机。HLPW敦促采用新的方法来理解、评价和管理我们宝贵的水资源，以实现2030年可持续发展议程中与水有关的目标。为了提供行动的基础，需要在全球范围内推动改革、建立伙伴关系以及开展国际合作。

"节水优先、空间均衡、系统治理、两手发力。"

　　中国正致力于从传统增长向绿色高质量发展转变，全面开启了生态文明建设新时代。包括"绿水青山就是金山银山"在内的习近平生态文明思想已经全面确立，是中国生态文明建设的根本遵循。水资源对于中国转型发展和生态文明建设起着至关重要的作用。作为世界第二大经济体和人口最多的国家，中国仅拥有世界上6%的淡水资源，人均占有量仅为全球平均水平的四分之一。习近平总书记"节水优先、空间均衡、系统治理、两手发力"的十六字治水方略，为新时期中国水治理指明了方向。中国在水治理方面已经进行了一系列改革，特别是深化水价和水资源税改革，并以此推动水资源节约和其价值

实现。当然，很多改革仍亟待进一步深化，需要全面认识水的生态、环境、经济、社会、文化等价值。

基于以上背景，国务院发展研究中心与世界银行联合开展"中国生态文明建设进程中的水价值评估与实现"研究，该项目从生态、环境、经济、社会、文化等方面为识别、评估和实现水的真实价值提供一个理论和实证框架，提出中国生态文明建设进程中水价值评估与实现的对策，旨在为中国政府提供水生态文明建设的咨询建议，并为其他发展中国家或地区提供水价值评估与实现的成功经验和模式。

该项目的关键研究内容主要分为四个阶段进行，并取得了有益的成果：第一阶段为系统识别中国生态文明建设进程中的水价值，旨在从生态、环境、经济、社会、文化等相关方面系统地识别水的多重价值；第二阶段为系统评估中国生态文明建设进程中的水价值，旨在采用各类方法来评估和确定水的多重价值，包括水量值评价、水质评价、城市洪水综合治理效益评价、水生态系统价值评价、水在社会发展中的虚拟价值评价、中国水生态补偿实践等；第三阶段为实现中国生态文明建设进程中的水价值，旨在提出实现水的多重价值的政策建议；第四阶段为传播研究成果，旨在通过与其他国家或地区的交叉研究和知识交流，对识别、评估及实现水价值等方面所取得的成果、经验及模式进行总结、推广和传播。相信这些有益的讨论和成果，对于识别、评估和实现水在中国生态文明建设中的价值，促进绿水青山与金山银山的有效转化和习近平生态文明思想指导下的生态社会建设具有一定的决策支撑作用。

水价值的识别、评估与实现问题，是一个理论性、政策性和实践性很强的课题，发达国家和发展中国家在这个领域的实践探索也仍然不成体系。对于中国来说，如何在工业化、现代化进程中实现对稀缺水资源的高效管理并满足人民群众对水作为一种极其重要的生态产品服务的迫切需求，更是一个全新而艰难的课题，需要系统总结经验、深化认识、大胆创新、认真探索，在研究和实践中不断发现问题、解决问题。让我们共同努力，携手长期关注和研究这一重要课题，不断取得新进展，并切实发挥中国在全球水资源管理体系中的参与者、贡献者作用。

序言二

Manuela V. Ferro

世界银行东亚和太平洋区副行长

"全世界人人享有水资源安全。"

全世界了解、评估和治理水资源的方式需要进行根本性转变。根据目前的人口增长趋势和水资源治理做法，到2030年，全世界水资源供应量与需求量之间的缺口将进一步加大。为了阻止迫在眉睫的水资源危机，满足全球水资源需求，同时维持经济增长并保证生态系统服务的可持续性，需要制定新一代智慧型水资源政策。这些政策必须能够提供必要的信息，从而改善决策、推动新一代基础设施投资以及水资源治理制度的发展。这些制度应当为全世界水资源的持续发展提供激励措施，同时应当足够灵活地适应不确定因素。

下一代水资源政策建立在水资源价值识别、评估和实现机制的基础上。识别水资源价值是指利用可靠的水资源数据，以证据为基础做出决策。评估水资源价值意味着认可社会赋予水资源及其用途的价值，而且在政治和商业决策中考虑这些因素，包括水资源和卫生服务的定价决策。实现水资源价值是指在地方、国家和地区层面上采取水资源综合治理方法。

政府的承诺和领导、技术创新以及服务提供和融资模式的突破等要素必须全部具备，才能支持政府履行实现可持续发展目标的承诺。认识到这个问题，联合国秘书长与世界银行集团总裁设立了水资源高级别工作组（HLPW），工作组于2018年提出了"珍惜水资源的五项原则"。这些原则认可了水资源的多重、多元化价值，明确各国有必要以可持续、高效、包容的方式对水资源进行分配和治理，相应地提供水资源服务并对服务进行定价。珍惜水资源也是《2021年联合国世界水资源发展报告》的主题，重点是保证水资源和卫生服务的提供和可持续治理，即联合国可持续发展目标第6项，并且推动依赖水资源的其他可持续发展目标的达成。

作为水资源领域全世界最大的多边资金提供方，世界银行与一系列伙伴密切合作，以期通过维持水资源、提供服务和增强应对能力，实现"全世界人人享有水资源安全"的愿景。在这个背景下，世界银行与中国的伙伴关系在建立全球水资源议程和指导国家发展方面发挥了重要作用。过去四十年来，中国一直是世界银行在水资源领域的主要借款人，中国贷款总额的四分之一与水资源有关。除贷款外，这种伙伴关系还包括世界银行与国务院发展研究中心之间富有成效的长期合作。这个合作过程利用了世界银行的全球性知识和中国自身的实践经验，旨在不断发展和完善中国的水资源治理框架。

本报告旨在推动中国生态文明建设，强调以可持续、高效、包容的方式对水资源进行分配和治理，同时提供水资源服务并对服务进行定价的必要性。本报告认可了中国在水资源治理方面取得的巨大成就，同时明确了现有和新出现的挑战。在这个过程中，本报告强调了制定新一代智慧型水资源政策的必要性，其中包括七个重点：保护水资源的环境和文化价值；对水利基础设施进行管理，使水资源的多元化价值最大化；对政策干预措施进行调整，与水资源的时间和空间价值匹配；对水价进行改革和调整，以反映其多重价值；通过结构化过程向价值驱动型水资源治理转变；建立评估体系，确定水资源对生态文明建设的贡献程度；实现生态文明建设的愿景和水资源在这个愿景中的作用。

本报告所述的概念性框架和实用方法与中国和全世界有着广泛的关联。水资源的时空变化和中国的社会经济状况要求采取差异化的政策应对措施。中国的分散式政策实施体制为建立循证式框架和实践机制提供了重要的经验教训，这个框架和这些机制可以评估水资源创造的效益和未能充分应对情况下付出的成本。正如中国的经验可供其他国家借鉴一样，中国不断发展的政策框架也可以借鉴全球的水资源治理经验。

世界银行将继续按照水资源高级别工作组的目标支持水资源政策创新，同时服务于可持续发展目标。通过识别、评估和实现水资源的多元化价值以及智慧型水资源政策，中国能够为实现"全世界人人享有水资源安全"的愿景提供经验并创造更多机会。

致　谢

本综合报告是中华人民共和国国务院发展研究中心（DRC）与世界银行联合研究的最终成果，建立在对中国政策走向、机会和水资源政策需求长期合作研究的基础上。本综合报告是在"中国生态文明建设进程中的水价值评估与实现研究"联合研究项目（简称"中国水价值研究"项目）的基础上形成的，该项目的目标是在中国政策需求和现有做法背景下，找出并推广识别、评估和实现水资源多重价值的方法。

国务院发展研究中心团队由谷树忠博士（资源与环境政策研究所三级职员、研究员）牵头，成员包括李维明（资源与环境政策研究所资源政策研究室主任）、杨艳（资源与环境政策研究所副研究员，担任团队协调人）和焦晓东（资源与环境政策研究所高级经济师）。国务院发展研究中心的研究团队还包括其他机构的研究人员：贾绍凤博士（中国科学院地理科学与资源研究所研究员）、赵勇博士（中国水利水电科学研究院教授级高级工程师）、姜文来博士（中国农业科学院研究员）、王亦宁博士（水利部发展研究中心高级工程师）、姜楠博士（中国水权交易所总经理、研究员）以及黄文清博士（湖南农业大学副教授）。陈健鹏博士等为研究团队提出了宝贵建议。

世界银行团队由Marcus Wishart（首席水资源专家）和David Kaczan（经济学家）牵头，成员包括Olivia Jensen（新加坡国立大学风险公共认知研究所首席科学家）、廖夏伟（水资源专家）、田琦（水资源治理专家）、苟思（水资源专家）、蒋礼平（高级灌溉专家）和Pierre Do（水资源治理顾问）。谢丹（项目助理）、赵如欣（团队助理）和李安琪（团队助理）在管理和研究方面提供了支持。为文件的编制提供支持的人员包括Sonia Akter（新加坡国立大学李光耀公共政策学院副教授）、Dale Whittington（北卡罗来纳大学教堂山分校和曼彻斯特大学教授）、王华（中国人民大学环境经济学和管理学教授）以及澳大利亚水敏性城市合作研究中心，包括Ben Furmage（首席执行官）、Tony Wong（项目主任）、王健斌（国际参与经理）、David Pannell（西澳大利亚大学环境经济学和政策中心经济学教授兼主任）、Michael T. Bennett（环境经济学家、独立顾问）、杨小军（西安交通大学副教授）和曾贤刚（中国人民大学环境经济学教授）。内文设计为Remy Rossi（https://remyrossi.design）。

"中国水价值研究"项目领导团队的成员包括世界银行的Victoria Kwakwa（东亚和太平洋地区前副行长）、Martin Raiser（中国局局长）、Benoit Bosquet（东亚和太平洋地区可持续发展局局长）、Jennifer Sara（全球水实践局局长）和国务院发展研究中心副主任隆国强、国务院发展研究中心国际合作局局长贡森、国务院发展研究中心资源与环境政策研究所所长高世楫。财政部、自然资源部、水利部、全国政协人口资源环境委员会的有关领导提供了指导意见。

联合研究团队感谢以下同行评议专家提出的宝贵建议：Sebastian Eckardt（中国首席经济学家）、Giovanni Ruta（首席环境经济学家）、Jason Russ（高级经济学家）和Halla Qaddumi（高级水资源经济学家）。世界银行的Richard Damania（可持续发展首席经济学家）和多位专家、中华人民共和国政府官员以及中国从事水资源相关研究的大学和非政府组织给予了宝贵指导。本报告是在Sudipto Sarkar（全球水实践局东亚及太平洋地区副局长）和Ann Jeannette Glauber（全球环境实践局东亚及太平洋地区副局长）的指导下编制的，而且获得了全球水安全和卫生伙伴组织的经济支持——该组织帮助客户国政府产生创新性全球知识并提供国家层面的支持，从而达成与水资源有关的可持续发展目标。特别感谢王浩教授（中国工程院院士）、康绍忠教授（中国工程院院士）和夏青教授（中国环境科学研究院研究员）提出的意见和建议。

执行概要

了解水资源的多重价值对于改善水资源治理至关重要

从全球来看，水资源是一种价值被低估且治理不善的资源。如果没有水资源，生命就无法存在——然而，水资源一般不受重视而且经常被浪费。尽管它具备这种本质属性——也许正因为如此，生活、工业、农业、环境和文化领域的水资源治理成为争论和冲突的源头，而且在全世界都存在效率低下和不公平的情况。

价值之间的冲突是这些挑战的核心。水资源有多种用途，其中一些用途是相互排斥的，而一些用途则是相互重叠的。几乎始终存在多个利益相关方，他们在这些用途上至少部分存在不同观点。不同利益相关方拥有的价值——有可能指导竞争性用途之间取舍的价值——往往未得到衡量，或者完全不被考虑。水资源政策决策制定者考虑并认可哪些利益相关方的价值，决定了这些决策是为哪些利益相关方的利益服务的。

在全世界水资源紧缺的状况下，了解这些价值变得日益重要。在气候变化、人口增长和经济增长的情况下，全球水资源压力不断增大，中国尤其如此。随着人们财富的迅速增长、消费的增加以及对非消费需求的更大认可，社会期望也在不断变化。为了在分歧越来越大的用途之间进行取舍，同时满足日益增长的社会期望，需要从根本上识别和评估水资源的多元化价值并将这些价值纳入政策制定过程中（见专栏ES.1）。

专栏ES.1 本报告的目标

本报告旨在通过识别、评估和实现中国水资源多元化、多重价值，确定完善水资源政策的机会。本报告认可了中国在水资源治理方面的巨大成就，而且确定了现有和新出现的挑战。本报告介绍了概念性和实用性方法，通过这些方法引出水资源广泛的经济、社会、文化和环境价值。通过借鉴中国和国际上的实例，本报告提出了在中国生态文明建设背景下保护和实现这些价值的建议。本报告是为中国政策制定者和特定国际读者编制的，可以让读者了解水资源政策以及如何通过衡量水资源价值来指导水资源政策的制定。本报告中评估的各项挑战表明，需要在优先领域引入新一代智慧型水资源政策。

本报告对世界银行与国务院发展研究中心联合开展的"中国生态文明建设进程中的水价值评估与实现研究"成果进行了整合，而且参考了世界银行专家、中华人民共和国政府官员以及从事水资源相关研究的国内大学和非政府组织的背景文件、意见和协商结果。

资料来源：作者编撰。

近几十年来，中国在水资源治理方面取得了巨大的进展，但仍然存在挑战

过去四十多年内，中国经历了举世瞩目的经济和社会发展。 从1978年开始的市场化改革使人均产出增长了约30倍，而且使8.5亿人脱贫。然而，快速增长以及推动增长的多项政策改革，导致环境和自然资源承受的压力同样快速增加，与自然资源快速消耗相关的内在环境成本每年占国内生产总值（GDP）的2%~3%（Ma等，2020年a）。2020年，以基于多个环境维度的耶鲁大学环境绩效指数衡量，中国的全球排名虽然领先于越南和印度，但落后于土耳其、巴西、墨西哥和俄罗斯。

中国正在从基础设施主导的快速增长模式向更加均衡、更可持续的发展模式转变。这种转变包含在"生态文明建设①"这个远大愿景中（见专栏ES.2），体现在环境法规的日益严格、环境管理机构和激励措施的不断改善、公共和私人投资方向的转变，旨在取得更加环保、更加公平的成果。国家政府投入的环境保护和污染防治资金2019年达到357亿美元，比2017年增加了5倍（Hu、Tan和Xu，2019年）。在一定程度上，这种转变是由不断变化的社会价值观和公众对环境质量的更高期望推动的。

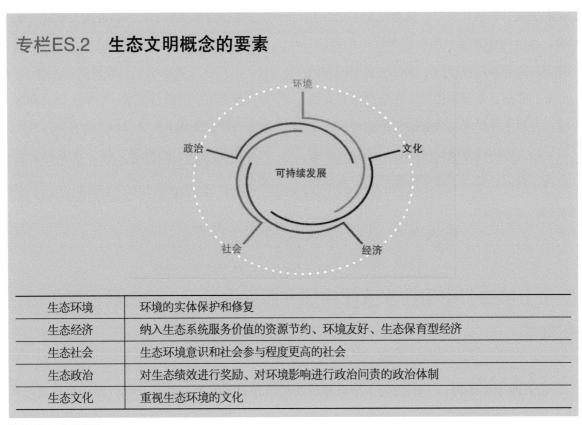

专栏ES.2　生态文明概念的要素

生态环境	环境的实体保护和修复
生态经济	纳入生态系统服务价值的资源节约、环境友好、生态保育型经济
生态社会	生态环境意识和社会参与程度更高的社会
生态政治	对生态绩效进行奖励、对环境影响进行政治问责的政治体制
生态文化	重视生态环境的文化

资料来源：作者编撰。

---

① 生态文明的概念体现了生态系统、人类健康和福祉相互关联的属性，以及增长与环境影响的脱钩。2018年，生态文明写入《中华人民共和国宪法》。

过去几十年内，为了实现这个愿景，中国在水资源治理方面取得了令人瞩目的成就。水资源服务的供给和污水处理能力快速发展，为全世界达成这个领域内的可持续发展目标做出了相当大的贡献。水灾治理得到了显著改善，灌溉农业也实现了持续发展。这些改善主要是通过过去40年内基础设施公共投资实现的。这种高水平的基础设施投资将持续下去，从2016年到2040年，预计中国的基础设施支出将占全球总额的三分之一（Feng，2017年）。

尽管取得了这些成就，中国在水资源短缺和环境退化方面仍面临重大挑战，这反过来又制约了经济发展。在国家层面上，人均可用水资源量较低，只有世界平均水平的四分之一左右。水资源各地区分布不均，在不同季节和不同年份差异很大。地下水和地表水污染加剧了水资源短缺，而且还增加了经济运行成本①。气候变化引起了更频繁、更严重的旱灾以及更集中的降雨。水资源利用效率也较低，中国每单位工业增加值用水量比中高收入国家的平均水平高出两三倍。在中国部分地区，水资源短缺已经制约了经济发展。

水资源政策不断改进，以应对新的挑战。2012年实施了最严格的水资源管理制度，设定了包括用水总量、用水效率和水功能区限制纳污在内的"三条红线"。目前，水灾治理包含土地利用规划方法和"基于自然的解决方案"——同时具有自然特征和人造特征的基础设施，例如"海绵城市"，旨在提高使用效率并降低城市水灾风险。在水资源分配和污染减量方面已开始试点市场化工具，而且正在进行水资源税费改革，以便使水价与其经济价值更好地保持一致。

---

① 2017年，水污染造成的全国经济成本估计为1410亿美元（Ma等，2020年a）。

2018年的国务院机构改革建立了更加统一的水资源治理架构。在国家级以下层面上，2016年开始推行河湖长制，让地方、县级和省级官员承担对主要水道特定节段进行监督并在相关政府机构之间进行协调的责任。这个体制将水资源治理成果与职业晋升挂钩，而且已经产生了很强的激励效果（Zhou等，2021年）。正在实施进一步改革，于2021年施行的《长江保护法》为各地区和各级政府之间的全流域水资源治理提供了法律框架。

了解水资源的多元化价值可以支持下一代水资源政策

中国需要实施持续的水资源政策改革才能实现生态文明的目标。本报告中评估的挑战表明，需要颁布实施新一代智慧型水资源政策，其中包含以下七个重点。

 1. 保护水资源的环境和文化价值。

 2. 对水利基础设施进行管理，使水资源的多元化价值最大化。

 3. 对政策干预措施进行调整，与水资源的时间和空间价值匹配。

 4. 对水价进行改革和调整，以反映其多重价值。

 5. 通过结构化过程向价值驱动型水资源治理转变。

 6. 建立评估体系，确定水资源对生态文明建设的贡献程度。

 7. 实现生态文明建设的愿景和水资源在这个愿景中的作用。

本报告认为，实现智慧型水资源政策的基础在于识别和评估水资源的价值，并且将这些价值纳入政策制定和投资决策中。每一项智慧型政策重点都有一个处于核心的价值问题：需要保护哪些空间？需要优先建设哪些基础设施？需要设定什么价格？如何在竞争性用途之间进行取舍？怎样衡量所取得的进展？所有这些问题的答案都需要采纳利益相关方的观点和价值认知。从根本上说，中国的发展状况是由政策应对社会价值观和期望的能力所决定的。生态文明的愿景超出了经济价值最大化的范畴；如果希望水资源政策能够促进国家发展愿景的实现，那么必须将一套更广泛的价值观纳入政策中。

水资源价值的识别

人们对水资源价值的感知是不断变化的，而且因个人、社区和国家而异。虽然很难获得关于水资源问题和价值的具体舆论量度，但对水污染和环境的一般关注程度进行衡量也可以提供有用的见解。调查数据表明，中国正朝着更加关注环境的方向转变。2020年，在一个全国性代表样本中（Haerpfer等，2020年），有三分之二以上的受访者认为，保护环境应当成为政策重点，即使这意味着经济增速放缓而且失去部分工作机会。过去25年内，这个比例上升了25个百分点。另外，从2008年到2016年，认为水污染是一个问题的人数比例大幅增加了10个百分点。

水资源价值是由情境及其在这个具体情境中的贡献所决定的。考虑到可用水资源量、易用性和风险的高度地方化差异，以及水运输的困难性，水资源价值在不同地方差别很大。地方水价几乎从未体现水资源的全部价值，部分原因在于收费、补贴和价格管制的外部性。水资源的相对价值在各部门之间也有差异。例如，农业中的水资源价值既体现在经济上，也体现在文化、粮食安全和生态要素等方面，而工业中的水资源价值基本以经济性为主，有时也包含其他次要价值。为了以有利于政策制定和价格设定的方式来了解水资源价值，需要根据地方情况考虑水资源对人类和自然的贡献。

在完全不同的情境下确定水资源的价值需要与利益相关方进行广泛协商。为了让这种协商有效运转，所涉及的利益相关方必须掌握关于现有问题足够详细的背景资料。在国际上，一些协商活动运用参与性模式形成这种背景，但往往只能提供关于参与者共同基础的背景资料。利益相关方协商方法可以针对个人（例如问卷），也可以针对群体（例如集体讨论和排序活动）。大型流域，包括美国的科罗拉多河流域和澳大利亚的墨累–达令河流域的管理机关往往委托常设咨询机构与社区进行经常性协商，从而让管理机关不断了解水资源治理的哪些方面是最重要的以及对哪些群体而言是最重要的。

水资源价值的评估

在确定价值的基础上，对这些价值进行评价和量化的方法已经日益成熟。水权市场——例如澳大利亚、美国和智利的水权市场——只要能在构建和运行过程中认可资源稀缺性（例如对资源开采设置上限），就能有效地衡量价值。在非市场情形下——对于生态或社会文化价值非常重要，可以运用叙述性偏好方法对价值进行评估，或者通过观察相关市场中人们的行为来推测他们对水资源价值的认知（例如购置水体附近的房产）。

不同方法适合于水资源的不同价值，其中每种方法一般只能对全部价值的一部分进行估计。因此，需要运用多种方法进行评估。可以在一致的评估框架内将多项分析的结果结合起来，例如效益成本分析（BCA）、多标准分析、综合评估模型和水文经济模型。虽然效益成本分析被广泛运用而且其重要性不断提升，但仍然不够普遍（包括中国及其他地方），因此无法纳入多元非市场价值。

广泛的价值评估和量化需要改善数据质量及其获取。可靠的水资源测量、模型构建及核算提供了评价基础：由于水资源时空分布的差异，运用这些方法需要很多的数据，因此高质量、详尽的数据不可或缺。这不仅仅是技术分析问题，可获得的数据和信息也会影响人们对水环境的认知，从而可能影响水资源所具备的价值。

水资源价值的实现

水资源价值的实现是指运用政策和工具来保证尽可能多的人从水资源的多元化价值中获益。在实践中，这可能需要改变水资源政策制定的基本方法，包括明确阐述水资源在政策设计过程中的价值；强化协商和公众参与要求；允许各地在全国目标的背景下灵活创新（在流域级模型构建的支持下）；以及运用适应性政策进行定期审查和调整，其中需要考虑中国社会、经济和环境的快速变化。

除政策制定方法外，还可以利用机构和基础设施选择来实现水资源价值。机构和法律工具对于环境和文化价值与经济用途的平衡至关重要。相关实例包括以自然环境的名义购买和销售水资源的澳大利亚联邦环境水权持有机构，还包括法律工具，如新西兰1991年的《资源管理法》，其中要求主管机关认可并保护毛利人与重要文化和传统遗产之间的关系，而且让原住民在决策中拥有发言权（Jacobson等，2016年）。与此同时，可以通过"基于价值"的方式来优化基础设施规划和管理，例如认可生态和休闲效益的水库运行规程。这有助于避免水利基础设施占据的巨大空间中固有的取舍。从根本上说，社会的经济和空间结构受到重大水利基础设施项目的深刻影响。基础设施会在长达数十年甚至数个世纪的时间里"锁定"水资源开发轨迹，从而决定水资源受到的影响和从水资源中获取的价值。

价格和基于信息的方法等激励措施可以进一步推动水资源多元化价值的实现。中国的水价往往无法反映水资源的稀缺性，而且几乎无法抵消供水成本（中国最富裕城市的水价远低于中高收入国家的平均城市水价——0.82美元）。过去10年内的各项改革开始以激励节水的方式设定水价，但仍需要继续努力。生态财政转移支付（生态补偿）和水资源市场拥有巨大的潜力，可以通过价格激励措施实现效率提升和生态价值。与此同时，信息、教育和传播干预措施可以让公众深入了解水资源价值、提高对取舍的接受程度并鼓励保护行为，从而起到改善水资源政策的作用，例如公众活动、将水资源主题纳入学校课程、推动生活节水的行为引导（例如在水费单中凸显个人用水量与邻居的对比情况）。

保护　　　管理　　　调整　　　改革　　　转变　　　建立　　　实现

这些工具——用于识别、评估和实现水资源价值——强化了智慧型水资源政策重点，而且通过这些重点强化了生态文明目标

1. 保护水资源的环境和文化价值。 目前，在水资源治理决策中，从水源到下游水体保护的价值被低估了。水体的文化、社会和生态价值并未充分或系统性地纳入决策中，从而导致资源损耗和退化。参与性方法有助于确定自然水资源的价值范围。基于价值的广泛评估过程——协作模型构建（例如科罗拉多河流域）和共同愿景规划（例如墨累–达令河流域），有助于使水资源和生态资源成为优先保护对象。

2. 对水利基础设施进行管理，使水资源的多元化价值最大化。 中国已经建设了全世界最大体量的水利基础设施，运营和管理制度的变革有助于确保其得到充分利用，推动实现巩固多个环境和社会目标。随着基本服务提供的完成，需要采取更有针对性的方式进行基础设施投资。基于价值的投资规划和管理方式可以为这类决策提供指导，其中需要多种方法的组合，包括综合模型构建、显示性偏好和叙述性偏好方法，并且将其结果系统性地纳入广泛的效益成本分析中。

3. 对政策干预措施进行调整，与水资源的时间和空间价值匹配。 水资源政策需要考虑利益相关方所拥有价值的高度多样性。利益相关方理事会、协作模型构建和绘图等协商方法有助于揭示当地拥有的价值，在社区内部形成一个共同的愿景，而评估方法可以特别关注特定地点确定的价值，而且使选择的工具与当地能力匹配。这些方式为适应地方情境的政策决策提供了知识基础。

4. 对水价进行改革和调整，以反映其多重价值。 中国目前的水价远未达到反映水资源全部价值的程度。虽然价值的多元化（包括无法量化的价值）意味着完美设定水价是不可能做到的，但逐步上调水价有助于确保水价能够体现水资源的稀缺性，从而鼓励高效用水和节水，同时有助于抵消日益上涨的供水成本。

5. **通过结构化过程向价值驱动型水资源治理转变**。提高水价会对分配造成影响。为了在向以价格为基础的水资源政策转变过程中始终获得利益相关方的支持，可以给予贫困家庭补偿性退款。协商机制和公众获取数据的能力（可以建立信任）对于指导政策制定过程不可或缺。在水资源日益紧缺的国家，信息、教育和传播干预措施，例如公共意识提升活动、节水导向型账单信息以及在与水有关的休闲和旅游场所提供资料，有助于为制定提升用水效率的政策铺平道路。

6. **建立评估体系，确定水资源对生态文明建设的贡献程度**。中国水资源相关数据仍然分散在各级政府的多个机构，而且往往以无法比较、难以获取的方式公布。其中的原因包括未能针对官员采取数据发布的一致性激励措施、数据系统不兼容、机构文化中缺乏信任和透明度。完善监测和统计系统，提高各部门和各地区的整合程度以及引入公民参与，可以使价值敏感型水资源政策与生态文明的愿景保持一致。

7. **实现生态文明建设的愿景和水资源在这个愿景中的作用**。在中国向生态文明愿景迈进的过程中，社会文化和生态价值必须在水资源政策中发挥日益显著的作用。中国水资源、地理区域和水资源使用者的多元化特征不可避免地使相互竞争的利益产生，因此各机构和各流程有必要揭示并协调不同的价值，从而提出持久的解决方案。本报告介绍的工具，即识别、评估和实现这些价值的方法和建议，是实现这个愿景切实可行的手段。

缩略语

ABC	积极、美丽、干净
BCA	效益成本分析
CGE	可计算一般均衡
CNY	人民币
CORB	库班戈—奥卡万戈河流域
DRC	国务院发展研究中心
HLPW	水资源高级别工作组
GDP	国内生产总值
HEM	水文经济模型
IBT	递增型阶梯水价
IEC	信息、教育和传播
LMRB	澜沧江—湄公河流域
RDM	稳健决策
SDG	可持续发展目标
WFD	《水框架指令》
WSRA	《自然与景观河流法》
BCM	十亿立方米
MCM	百万立方米

第一章 | 中国的水价值：背景和动机

▌目标

本章重点介绍过去四十年内，中国在快速经济发展的背景下在水资源治理领域面临的挑战和取得的成就，阐述中国在实现"生态文明"愿景的过程中现有和新出现的水资源挑战。本章设置了一个适当的背景，让人们了解识别、评估和实现广义水资源价值的工具如何通过智慧型政策改革支持生态文明目标的实现。

▌要点

- 中国正在从基础设施主导的快速增长模式向更加均衡、可持续的发展模式转变。

- 过去40年内，中国在水资源供应、利用和治理方面取得了巨大的成就，包括显著改善了水灾治理、大幅扩展了水资源服务和污水处理，以及灌溉农业持续发展。

- 现有和新出现的挑战包括全国可用水资源量有限、加剧水资源短缺的水污染、淡水生态系统退化以及气候变化引起的水灾和旱灾风险。

- 为了应对这些挑战，中国需要确定符合以下条件的新一代智慧型水资源政策重点：

（1）保护水资源的环境和文化价值；（2）对水利基础设施进行管理，使水资源的多元化价值最大化；（3）对政策干预措施进行调整，与水资源的时间和空间价值匹配；（4）对水价进行改革和调整，以反映其多重价值；（5）通过结构化过程向价值驱动型水资源治理转变；（6）建立评估体系，确定水资源对生态文明建设的贡献程度；（7）实现生态文明建设的愿景和水资源在这个愿景中的作用。

- 为了达成这些重点目标，需要能够识别、评估、量化和实现水资源多元化价值的工具和方法。这些工具将在第二章、第三章和第四章重点阐述。

中国正在从基础设施主导的快速增长模式向更加均衡、可持续的发展模式转变。这种转变提供了一个机会，可以确定与水资源有关的全部价值——社会文化、环境和经济价值，同时思考怎样将这些价值纳入公共政策和水资源治理决策中。所设想的更高可持续性发展模式需要制定水资源政策，要认可水资源的多重、多元化价值，而且实现与这些价值有关的效益。这种模式还需要能够随着一段时间内社会价值观和中国水资源状况的变化不断调整的政策。

在这个背景下，世界银行和国务院发展研究中心（DRC）针对中国水资源价值实施了联合研究项目。本报告的目的是对研究成果进行综合归纳并为中国政府提出政策建议。本报告分三个主题阐述相关分析和建议：（1）确定水资源多重、多元化价值的概念；（2）评估和量化这些价值的方法；（3）实现这些价值的新政策或经过完善的政策。

本研究的前提是，只有认识到水资源价值的广义概念，才能达成中国可持续增长模式的目标。具体而言，这种增长模式需要符合以下条件的水资源政策：（1）更好地保护水环境；（2）优化现有基础设施的使用；（3）区分不同发展阶段的要求；（4）设定水价时反映其多重价值。这些政策需要识别、评估和实现水资源价值的工具，而这些工具将在本报告接下来的三章中依次介绍。

中国的转变也为其他国家提供了宝贵的水资源政策和治理经验。中国各地区社会文化、环境和经济的巨大差异提供了与多个国家相关的丰富经验。如果其他国家希望向中国学习机构安排和政策设计，从而认可和平衡水资源价值，并在此基础上以合理、可持续的方式达成社会、环境和经济目标，可以参见本报告最后一章，其中介绍了与它们相关的研究结果。

"善治国者，必先除其五害，五害之除，水为最大。"

中国绿色转型

中国发展转型的目标是在经济增长与自然资源的可持续利用及生态系统的修复之间取得平衡。 由于实行了市场经济体制改革，中国经历了社会发展和国内生产总值（GDP）持续增长的非凡时期，平均增长率高达10%左右。人均收入从1978年的300美元增加到2019年的10276美元，增长为原来的近35倍，而且有8.5亿多人脱贫。与此同时，中国经历了快速城市化进程。2020年，中国60%以上的人口生活在城市，而20世纪70年代这个比例还低于20%，这给社会结构和期望带来了显著变化。

快速增长导致环境和自然资源面临的压力同样快速增大，从而对经济和人类健康造成影响。 2004年到2017年，由此带来的隐含经济成本估计为每年国内生产总值的2%~3%（Ma等，2020年a），表现为广泛的大气污染、土壤污染、水污染和生物多样性水平下降（Ouyang等，2016年）。与此同时，关于环境退化的社区关切与环境质量下降同步增加。这一点表现在国家调查结果的变化中，其中1996年到2018年，中央政府收到的环境问题相关信访数量增加了16倍（生态环境部，2019年）。

这些环境挑战部分反映在中国的全球环境绩效评价中。 基于10个主题[①]、24个环境指标的环境绩效指数评分结果显示，中国的全球排名领先于越南和印度，但落后于土耳其、巴西、墨西哥和俄罗斯（见图1.1）（世界银行，2020年；耶鲁大学，2020年）。尽管中国2018年的环境绩效评分不高，但人们越来越意识到改善环境质量的重要性。中国自2013年对污染"宣战"以来，环境质量持续改善。2015~2020年的《中国民生调查》[②]显示，中国人民近年来对环境质量的满意度持续提升。

---

①　这10个主题是空气质量、供水和卫生状况、重金属、生物多样性和栖息地、森林、渔业、气候和能源、空气污染、水资源和农业，每个主题有多个指标（耶鲁大学，2020年）。

②　国务院发展研究中心课题组：《中国民生调查》（2015年、2016年、2017年、2018年、2019年、2020年、2021年），中国发展出版社。

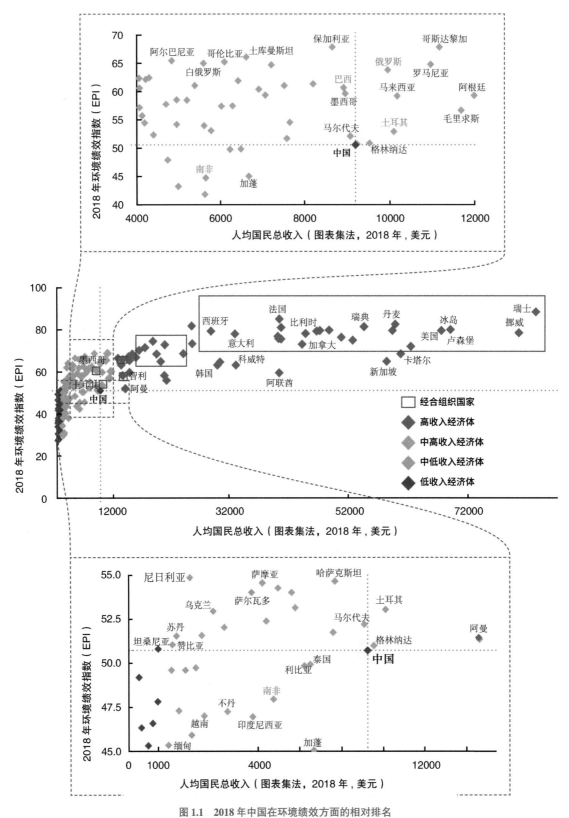

图 1.1　2018 年中国在环境绩效方面的相对排名

资料来源：作者根据环境绩效指数（2019 年）和世界银行数据库（2020 年）数据进行的分析。

面对中国经济快速增长带来的挑战，中央政府更加重视环境和生态可持续发展。实现途径包括以生产力和创新驱动发展、使增长与消费和服务重新平衡、实施日益严格的环境法规、将中央政府的资金转向"绿色"投资。这些承诺体现在年度环境保护支出不断增长，即从2007年的995.8亿元人民币（156.4亿美元）增加到2018年的8538.1亿元人民币（1340.8亿美元）（世界银行，2022年），在国家财政总支出中的占比从2%增加到3.9%（Xu和Wang，2020年）。然而，为了实现可持续增长目标，需要采取进一步的政策措施，同时建立反馈机制以考虑改善环境质量的不断扩大的公共需求。

中国实现更环保、更高可持续性发展的宏伟目标包含在生态文明建设的理念和战略中（见图1.2）。这个理念已成为一个重要的当代政治和文化理念，体现了生态系统与人类健康和福祉的相互关联性，以及增长与环境发展的脱钩。它超越了围绕环境、社会和经济要素建立的可持续发展传统定义的范畴，包含了政治和文化维度。生态文明的概念在2018年《宪法》修正案中正式确立（Hansen、Li和Svarverud，2018年），而且通过"绿水青山就是金山银山"这个广为人知的说法进行了描述，反映了大自然相互关联的社会、经济和生态价值。这个概念还试图通过借鉴以儒家思想为基础的中国哲学传统要素，促进文化和民族的延续。它越来越多地被其他国家确定为发展愿景，而且成为中国展现环境领导能力的手段（Hansen、Li和Svarverud，2018年）。

在承认近年来增长所付出环境成本的基础上，这种持续转型反映了社会和环境价值日益重要的地位。在一定程度上，生态文明的政治愿景是由对社会层面价值观转变的认可，以及日益富裕的人民的愿望所推动的。历史、文化和精神价值在中国丰富的历史中一直得到体现，与物质价值一同在公共需求中体现得更加明显，而且越来越重要。同样，生态和环境的内在价值也在更大程度上得到了认可。而且，法律和政策变化，例如将生态文明的概念纳入宪法，也在公民当中确认并推广了这些价值观，因此也影响着社会价值观的转变。通过识别、评估和实现这些价值的工具和政策了解价值观的演变过程是生态文明建设的基础。

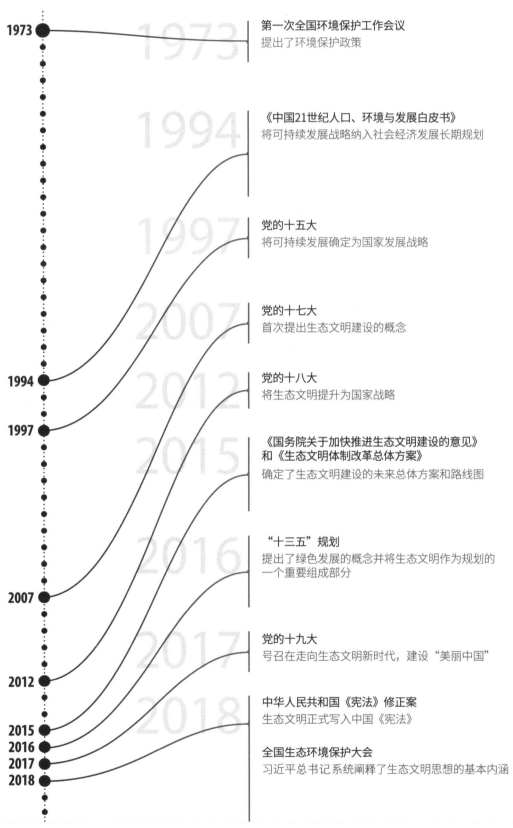

1973 第一次全国环境保护工作会议
提出了环境保护政策

1994 《中国21世纪人口、环境与发展白皮书》
将可持续发展战略纳入社会经济发展长期规划

1997 党的十五大
将可持续发展确定为国家发展战略

2007 党的十七大
首次提出生态文明建设的概念

2012 党的十八大
将生态文明提升为国家战略

2015 《国务院关于加快推进生态文明建设的意见》
和《生态文明体制改革总体方案》
确定了生态文明建设的未来总体方案和路线图

2016 "十三五"规划
提出了绿色发展的概念并将生态文明作为规划的
一个重要组成部分

2017 党的十九大
号召在走向生态文明新时代,建设"美丽中国"

2018 中华人民共和国《宪法》修正案
生态文明正式写入中国《宪法》

全国生态环境保护大会
习近平总书记系统阐释了生态文明思想的基本内涵

图 1.2　中国生态文明和绿色增长相关政策和法律的演化

资料来源:作者编撰。

1.2
中国水资源治理领域的成就和挑战

历史上，中国高度重视水资源及其治理。这可以追溯到4000多年前的大禹，他是中国古代一位富有传奇色彩的君主，主要功绩是治理洪水和建立夏朝（见专栏1.1）。从那时起，为了保障生产进行治水一直是国家的主要关切。多个世纪以来，中国的水资源治理方式不断演化，体现了社会和经济不断变化的特性。

中国历史可以大致分为六个水资源治理时期，反映了社会变革过程（见图1.3），侧重点从灾难治理到农业发展，到生活用水，到水环境和污水处理，再到水资源综合治理。

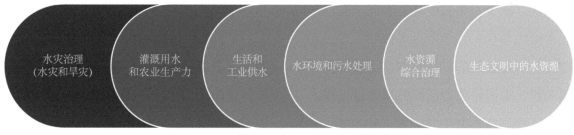

图 1.3 中国的六个水资源治理历史时期

资料来源：作者编撰。

中国在改善水资源服务获取方面取得了令人瞩目的进步。1990年到2015年，在全世界能够获取改善饮用水服务的26亿人当中，中国占20%；在全世界能够获取改善卫生服务的21亿人当中，中国占四分之一以上（世界卫生组织和联合国儿童基金会，2015年）。同一时期，中国污水收集和处理能力的扩展速度超过了任何其他国家，城市污水处理率从1991年的15%左右提高到2020年的95%以上。

凭借全世界名列前茅的可再生水资源总量，通过大规模推行灌溉，1978年至今，中国农业部门的年均增长率超过了5%（Wang等，2020年）。

"城市污水处理率从1991年的15%左右提高到2020年的95%以上。"

禹（大禹）是一位以治理黄河洪水著称的历史人物。他也是一位政治领袖，建立了夏朝（公元前21~前17世纪）——中国历史上实行世袭制度的第一个朝代。

历史上，黄河沿线水灾泛滥，严重危害了人民的生命和福祉。禹的父亲鲧通过建造土质河堤来控制水灾造成的危害。然而，汹涌的洪水最终破坏了这些河堤，再次造成灾难。禹吸取了父亲的经验教训，领导人民对河道进行疏浚并在河流狭窄处开挖水渠，让河水不受阻碍地流入大海。经过13年的治理，他最终治水成功。

禹带领人民重建家园，而且充分利用水土发展农业。人民在禹的指导下饲养家禽，而且学会了种植一些农作物，其中灌溉水渠的建设功不可没。由于他做出的贡献，他成为死后被尊称为"大"的少数君主之一。

资料来源：作者编撰。

对水利基础设施的大量投资降低了水灾风险，减少了相关破坏。水灾一直以来经常给生命和生计造成巨大破坏。过去70年内，中国主要流域共修建41.3万多公里防洪工程。中国目前的河坝数量超过世界上任何其他国家，其中共拦蓄了8000多亿立方米水资源。防洪基础设施投资的速度不断加快，从20世纪90年代到21世纪初增长了4倍以上。在修建基础设施进行水灾防治的同时，进行了土地修复投资：例如，大规模植树造林计划稳定了农用边角地和坡地，减小了水灾引发的径流（世界银行，2021年）。

中国基础设施的快速建设促进了迄今为止很多成就的达成。中国目前拥有全世界体量最大的公共基础设施，包括水资源相关基础设施。2007年到2015年，中国将GDP的7%以上投入到基础设施中，这个比例超过了任何其他国家，而且显著高于3%的全球平均水平（见图1.4）。这项投资预计将继续增长，2016年到2040年预计将达到26万亿美元，占同期全球基础设施支出的三分之一（全球基础设施中心，2017年）。

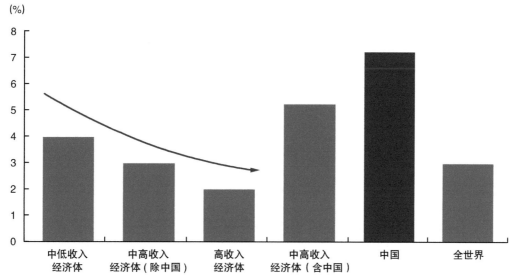

图 1.4 国内生产总值中基础设施支出的比例——按国家收入组别划分（2007—2015 年）

注：基于对 50 个国家和 7 个部门的分析，包括电力、道路、电信、铁路、供水、港口和机场。

资料来源：作者根据全球基础设施中心提供的资料（2017 年）绘制。

尽管取得了这些成就，但水利基础设施投资的资源和经济效率还有进一步提升的空间。虽然基础设施在中国水资源治理成就中处于核心地位，但部分基础设施反而加重了水资源治理问题，例如黄河上游大量的灌溉基础设施导致过量引水，引起大片地区内涝和盐碱化以及下游水资源短缺（Gonçalves等，2007年）。在某些地区，供水基础设施投资导致的工业和城市用水需求增长超出了农业用水需求的减少，导致总体水资源短缺（Zhang等，2019年）。长江和珠江水系的部分河坝投资规划不当，影响了航运，而某些河坝由于缺少船闸，导致19000多平方公里的适航水道被截断（Aritua等，2020年）。

中国面临与水资源短缺有关的持续挑战及新出现的挑战。虽然中国的可用水资源绝对数量很大，但人均数量很小，只有全球平均水平的四分之一左右。水资源供需空间分布的巨大差异和自然气候变化造成经常性短缺（见图1.5）。气候变化很可能会加剧这种状况：1961年到2011年，60%的全国大型流域——主要分布在北方——经历了河流径流下降（Wang等，2017年）。

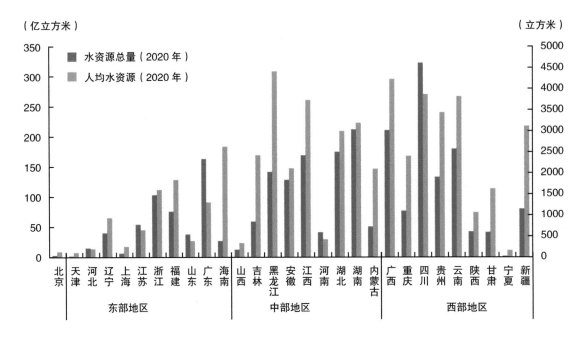

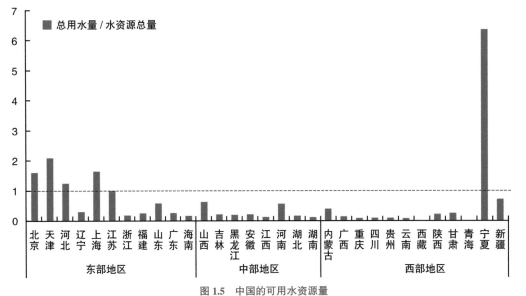

图 1.5 中国的可用水资源量

资料来源：世界银行。

中国的水资源开采总量位居世界前列，而且在可用水资源量中的比例很高。中国的快速发展产生了很大的水资源需求，但中国的水资源是有限的。2014年的开采量①估计只有6000多亿立方米，而美国的开采量为4800亿~4900亿立方米。从百分比来看，中国水资源开采量相当于全国可再生水资源总量的24%左右，高于全球中高收入国家8.6%的平均水平，尽管人均取水量低于全球高收入国家的平均水平和全球平均水平（见图1.6和图1.7）。

一般而言，虽然人均用水量随着收入的增加而持续增长，但高收入国家的水资源开采呈下降趋势，因为经济结构已经发生转变，不再依赖农业生产和劳动密集型制造业，而是以生活用水和服务为主。专栏1.2阐述了水资源短缺与中国经济之间的关系。

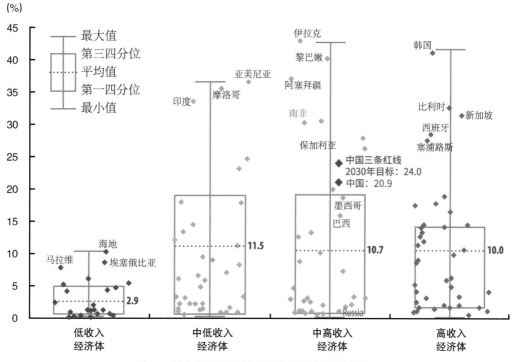

图 1.6　淡水资源开采量占可再生水资源总量的比例

---

① 指从地下水源和地表水源（例如湖泊或河流）开采的，用于农业、工业或生活的淡水数量。

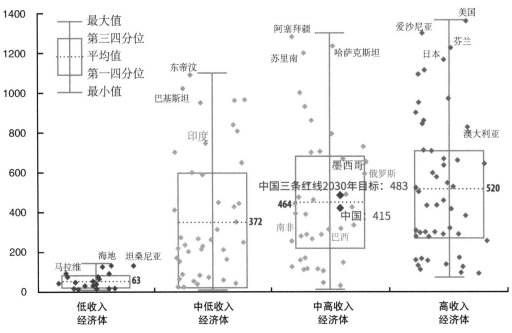

（立方米／人／年）

图 1.7　人均淡水资源开采量

注：数据不含异常国家和地区（例如水资源利用率特别高的中东国家，例如科威特）。三条红线政策下的中国人均水资源开采量是将 2030 年前的水资源开采总量上限除以 2030 年预计人口（14.5 亿人，根据《国家人口发展规划（2016–2030 年）》）计算的。

资料来源：作者根据 AQUASTAT 提供的资料编撰（2020 年）。

专栏1.2　水资源短缺与经济

中国经济快速增长和体制转型给有限的水资源带来了巨大的需求压力，反过来制约了增长。尽管取得了一些进展，但仍然存在的效率低下现象加剧了水资源压力，而且气候变化很可能会进一步限制水的供应。这种情况并非中国特有的：世界银行对气候变化对水资源的全球影响的分析表明，到2050年，在由于气候变化导致水资源短缺的干旱地区，增长率的下降幅度最多可以达到国内生产总值（GDP）的6%之多。改善水资源治理可以显著缓解这些难题。

对水资源短缺的华北地区的研究支持这些全球性研究结果。京津冀地区是中国最重要的经济中心之一，2017年其人口占全国的8%左右，其GDP占全国的9%以上。过去20年内，尽管这个地区存在严重的水资源短缺，水资源量只有全国总量的0.63%，但这个地区仍然经历了经济和人口快速增长。经济模型构建表明，水资源短缺对经济增长的限制性影响已经导致北京的GDP下降了4.95%，天津的GDP下降了2.59%，河北南部的GDP下降了5.53%。在反映短缺状况的水价推动下，农业水资源利用效率和跨部门转移有可能缓解这些增长制约因素。

资料来源：Li、Zhang和Shi，2019年；世界银行，2016年。

水质在不断改善，但成本在继续增加而且加剧了一些地区的水资源短缺。污染降低了水资源的可用性，从而加剧了水资源不安全地区的供应不足，即使是在被认为水资源禀赋较好的地区也是如此（Ma等，2020年b）。据称中国约86%的地下水监测点受到了污染。虽然水质在不断改善，但2020年有16%的主要河流不符合基本水质标准（Ⅰ类到Ⅲ类）（见图1.8）（生态环境部，2020年）。

长江流域40%以上的湖泊和水库存在富营养化现象（Tang等，2020年）。塑料垃圾也导致了水污染，每年有132万吨到353万吨塑料进入中国海洋，主要进入途径是河流（Lebreton和Andrady，2019年）。2017年，水污染带来的全国总经济成本约为1410亿美元（Ma等，2020年a），而且给健康、劳动生产率、食品安全和非消费行业（例如旅游、房地产、水产养殖和渔业）带来了影响。

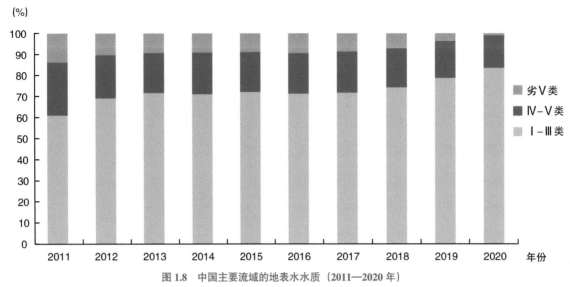

(%)

图 1.8　中国主要流域的地表水水质（2011—2020 年）

注：生态环境部根据水样中最劣质污染物的浓度，将水质分为六类，分别为：Ⅰ类——适合未经处理饮用；Ⅱ类——适用于集中式生活饮用水、珍稀水生生物栖息地和鱼虾类产卵场的一级水源；Ⅲ类——适用于集中式生活饮用水、普通鱼类栖息地及游泳的二类水源；Ⅳ类——适用于一般工业用水及人体非直接接触的娱乐用水；Ⅴ类——仅适用于农业用水及一般景观使用；劣Ⅴ类——不适合任何用途。

资料来源：作者根据生态环境部资料（2020 年）编撰。

进一步改善水质需要付出更大的努力，尤其是在面源污染方面。在应对点源污染方面的大量投资带来了快速回报，但与面源污染有关的持续挑战，尤其是涉及化学肥料的使用仍然很难应对。中国化学肥料的使用量约为393千克/公顷，高于东亚和太平洋国家的平均水平（293千克/公顷），接近全球平均水平（137千克/公顷）的3倍[1]。平均使用量远超一般认为防止水体污染所需的最大安全肥料使用量（225千克/公顷），而且在土壤状况和空气质量方面造成了其他影响。

---

[1]　联合国粮农组织（2018年）数据。

虽然基础设施建设极大地缓解了自然灾害风险，但发生水灾和旱灾的风险在不断增大，而且气候变化很可能进一步加剧这种风险。在长江和黄河等主要流域，水一直给人类生命和生计带来威胁。1997年，黄河流域旱灾引起的断流持续时间长达267天。一年后，长江、松花江和嫩江发生特大水灾，导致4000人丧生，造成约2551亿元人民币（372亿美元）的直接经济损失（Xu和Cao，2001年；Xu等，2010年）。气候变化预计会提高降雨量的变化程度，并增加灌溉的固有风险和成本，而且某些地区的极端降雨呈现出上升趋势。长江流域的水灾频率预计会提高；到21世纪末，50年、20年和10年一遇的水灾频率将分别提高到20年、10年和5年一遇。华东地区极端旱灾也会变得更加频繁（Liang等，2019年）。

与此同时，水资源部门的温室气体排放量在中国温室气体排放量中占有很大比例。污水处理的甲烷排放量约占甲烷总排放量的6%左右，稻田占19%，而湿地占7%（具体而言，是指水库水资源治理和受污染水体产生的甲烷排放）（Gong和Shi，2021年）。在中国实现2060年净零排放目标的过程中，生态修复和保护、水资源和污水治理以及营养物污染防治将是相关措施的一个重要部分。对应对水资源部门排放的政策方案开展的研究较为有限，而且迄今为止，水资源综合治理与缓解的关联并未在水资源政策中明显体现。未来投资规划中也需要考虑河坝及其他大型水利基础设施的隐含碳排放。

水生生态系统发生了显著退化，但也从修复措施中获益。快速城市化和工业化侵占了内陆和沿海水体：长江流域的城区面积增长了40%，流域中部的多个湖泊由于土地开垦而消失。在海河流域，主要湿地面积估计减少了约83%。根据《红色名录》的评估，中国约一半的脊椎动物和三分之一的维管束植物物种受到威胁（Jiang等，2016年），而淡水脊椎动物种群的减少速度是陆生种群减少速度的2倍以上（Grooten和Almond，2018年）。最近，人们更加关注水生生态系统的保护和修复，全国很多湖泊及河流的生态退化趋势得到了遏制。

各部门的水资源利用效率较低，但趋势正在好转。随着城市化的推进和生活水平的提高，全国人均生活用水量不断增加，对生活需水量的控制措施较为有限。中国每单位工业增加值用水量比中高收入国家的平均水平高出 2~3 倍。灌溉用水的有效利用率[①]为 0.52，远低于中高收入国家 0.7 到 0.8 的平均水平（世界银行，2019 年）。中国平均水资源生产力（所有部门）为每立方米 13.71 美元，低于低收入国家（每立方米 17.26 美元）和中低收入国家（每立方米 19.66 美元）的平均水平，比其他中高收入国家的平均水平低了 63%（每立方米 37.36 美元）（见图 1.9）。虽然水资源利用效率目标（例如 2030 年水资源开发利用红线）提供了明确的指导，但它们的设定水平低于对比国家（见图 1.10）。

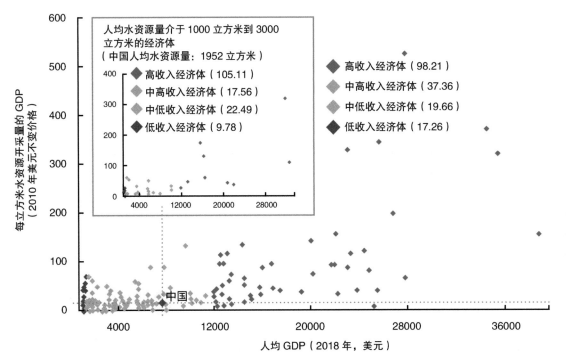

图 1.9　全球水资源生产力：以每开采 1 立方米水资源的国内生产总值（美元）衡量

注：不含卢森堡、新加坡和赤道几内亚，因为这些国家的水资源生产力超过了每立方米 1000 美元。

资料来源：作者根据《世界发展指标》提供的资料编纂，世界银行。

①　"灌溉用水有效利用系数"是指在田间施用而且可被农作物吸收的水量与取水量的比值。

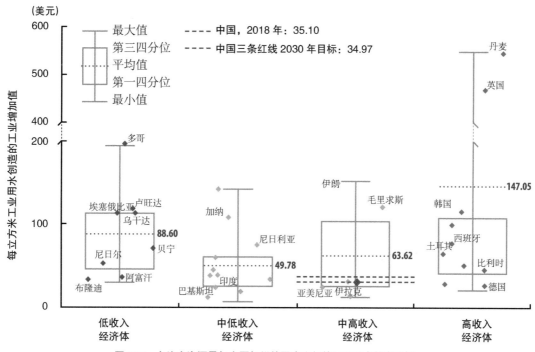

图 1.10　人均水资源量与中国相似的国家之间的工业用水效率比较

注：效率以每立方米工业用水工业增加值（美元）衡量。不含石油输出国组织国家。

资料来源：作者根据《世界发展指标》提供的资料绘制，世界银行。

1.3

应对挑战：当前水资源治理的方向

认识到这些挑战，中国正在从经济导向型水资源开发政策向生态导向型水资源治理政策转变。虽然新实体基础设施投资规模仍然很大，而且仍将发挥重要作用，但基础设施的设计越来越多地体现在更广泛的社区和环境因素，包括多用途功能。这一点体现在水灾治理做法的演化中，即从传统防洪基础设施建设到干预措施的更

广泛组合，包括综合土地利用规划和韧性措施，这些措施既包含又促进了生态系统服务（见图1.11）。地方政府以"海绵城市"，包含自然特征以实现水渗透和净化的城区，的形式对"基于自然的解决方案"进行了投资，目标是在2030年前让全国80%的城区实现"海绵化"①。

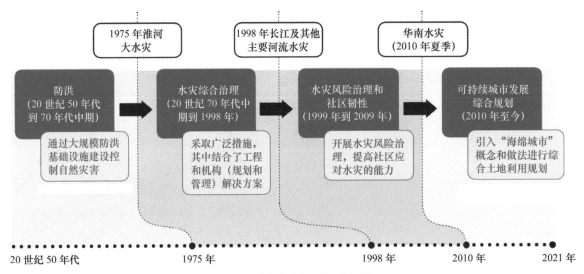

图 1.11 中国水灾治理做法的演化

资料来源：Wishart 等，2021 年。

---

① 海绵城市具有促进自然积聚、渗透和净化的特征，其中包括城市绿地和城市水体——人工湿地、雨水花园、屋顶绿化、凹入式绿地、草沟和生态公园，具有缓解水灾风险、提高宜居性、降低水源影响的功能。建设海绵城市的目标与可持续发展目标11——建设包容、安全、有抵御灾害能力和可持续的城市及人类住区保持一致。

城市水资源服务的重点是转向质量改善和财务可持续性。 在城市实现接近全面覆盖后，水资源部门的服务质量和财务可持续性，以及扩大服务不足的剩余农村地区的服务提供，已经成为政策重点。大多数城市已经实现连续供水，而且大多数接入点均已在楼栋或单元一级实现用水计量。虽然无法获得供水公司层面的无收益水[①]数据，但在市一级这个比例可能超过25%。即使没有哪个城市始终供应饮用水，但饮用水标准和监测制度也日益严格。国家规定自来水采用递增型阶梯水价结构，以激励终端使用者节水并提高供水公司的成本收回率。虽然很多城市正在进行水价调整，但只有少数供水公司实现了完全成本收回。较大城市引入了污水处理费率，而且在其他地区逐渐实施，但污水处理服务仍由地方政府提供大量补贴，正在实施更全面按体积征税的收费改革。

中国采用水资源和生态基准来确定自然资源利用限度并保护生态系统。 2012年实施了"最严格水资源管理制度"，即三条红线，设定了水资源开采、水资源利用效率和水质方面的国家目标[②]。旨在促进绿色发展的"红线"政策对此进行了补充：生态保护红线、环境质量底线和资源利用上线。2015年实施的"水十条"提出了加强水污染防治和生态系统保护的一系列措施。另外，《全国农业可持续发展规划（2015—2030年）》设定了肥料和农药使用零增长的目标，旨在防治面源污染。在实现循环经济的大背景下，废物管理部门也在快速转变。

越来越多地采用生态流量来保障环境用水。 生态流量对于保护和修复依赖淡水的水生生态系统、提供重要而广泛的生态服务不可或缺，这些服务又能为文化、经济、可持续生计和福祉提供支持（全球环境流量行动议程，2018年）。过去几十年内，中国越来越多地采用生态流量，2006年发布了第一份关于生态流量的官方指南，规定将基本流量维持在多年平均流量的10%（Chen和Wu，2019年；国家环境保护总局，2006年）。一般在特殊时期（例如鱼类产卵期）或者针对具有敏感生态价值的河段采用较高比例（多年平均流量的20%~30%）（Chen等，2019年）。主要河流已经广泛采用生态流量，而且正在推广到较小支流。然而，在一些情况下会超出最低流量要求，因此需要考虑各年之间和一年内的流量变动，以及对于支持生态系统保护、修复和运行至关重要的水流量、流速、水文和水质目标。

---

① 无收益水是指供水公司提供给配水系统的水量与计费水量之间的差值。

② 三条红线规定，到2030年全国用水总量控制在7000亿立方米以内；万元（1450美元）工业增加值用水量降低到40立方米以下，农田灌溉水有效利用系数提高到0.6以上；主要水功能区水质达标率提高到95%以上，而且保证所有饮用水源符合国家标准。

虽然强制性工具仍是水资源政策的核心，但也引入了基于激励的工具来推动效率提升。这些工具包括水资源分配市场、排污权交易和定价改革。虽然以国际标准衡量，大多数地方的水价仍然较低，但定价改革提高了成本收回率，并为水资源高效利用提供了进一步激励措施。2016年至今的改革使定价体系从水资源费向水资源税转变，提高了执法力度，扩大了使用者覆盖面，而且设定了最低费率。针对某些项目（包括高尔夫球、洗车和商业清洗）征收较高费率，地下水过度开采地区的企业也是如此。更广义地说，定价改革正在市政、农业和工业部门推进，而且按照国家级框架对地方和省级层面的费率进行了差异化处理。试点水权交易体系已经展现出潜力。在地方层面试点的基础上，中国水权交易所——2016年水利部设立的国家级水权交易平台的交易量不断增长，而且有助于确定提高市场效率所需的法律法规（Jiang等，2021年）。

政策变化伴随着机构变化（见图1.12）。2018年部委改革体现了政府更全面地治理自然资源的决心。改革的核心是"九龙治水"，也就是中国负责水资源不同方面治理的各部委，在跨部门协调及跨地区合作方面面临的难题，其中包括国家部委、省厅和市局普遍存在的行政协调困难的问题，流域委员会协调跨省事务的困难，以及由于职责不同，不同政府部门负责与水资源相关的不同方面，例如水污染、水资源治理和水资源开发等，所造成的跨部门协调的难题。

2018年国务院机构改革重新界定了水资源治理职责，从而建立了一个更连贯的架构。其中包括将水污染防治职责划归生态环境部、设立自然资源部并对水利部内部职责进行合并。与此同时，部分职责转移给河长制中的指定官员。引入河长制是为了建立一个地方、县级和省级官员组成的网络，分别负责监督主要水道的各河段，并且建立一个协作平台（以及一套针对官员的职业激励措施），这个平台能够有效地协调跨地区问题并提高公民在流域管理中的参与程度（见专栏1.3）。

河长制是2007年提出的，当时任命无锡市副市长解决危及城市饮用水的太湖蓝绿藻问题。《无锡市河（湖、岸、荡、氿）流断面水质控制目标及考核办法（试行）》规定，水质检测结果将纳入市县区主要负责官员的行政评估。这个激励和问责机制实施仅两个月后水质就得到了改善，而且被视为河长机制的起源。

2016年中共中央办公厅、国务院办公厅印发了《关于全面推行河长制的意见》，从那时起总共任命了120多万名河湖长。河湖长的主要任务包括水资源保护、岸线管理、水污染防治、水环境治理、水生态修复和执法。将河流或湖泊的各部分分配给特定官员，以解决各部门、各地区之间的协调和责任划分问题。

资料来源：Li、Tong和Wang，2020年。

中国正在实施应对跨地区合作及跨部门协调问题的进一步改革。 2016年7月修正了《水法》，以支持综合规划和流域协同开发。《长江保护法》（中华人民共和国，2020年）自2021年3月起实施，确认有必要建立协调机制，而且明确国家直属机构和各省有义务实现流域内的生态保护和水质改善目标。

《长江保护法》要求地方政府制定相关法规，从而确定水质基线、减少污染物排放、促进生态修复（包括生态流量）、保护生物多样性并完善信息共享系统。《长江保护法》还启动了对自然资源和生物多样性的定期清查，而且纳入了防灾减灾制度。

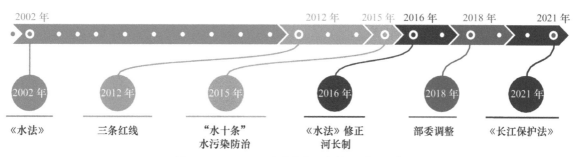

图 1.12 2002—2021 年中国主要水资源法律和政策

下一代水资源政策

中国虽然取得了显著的水资源治理成果，但仍然需要持续改革才能实现生态文明愿景。本章研究的各项挑战表明，相关改革可以着重于七个智慧型政策重点：（1）保护水资源的环境和文化价值；（2）对水利基础设施进行管理，使水资源的多元化价值最大化；（3）对政策干预措施进行调整，与水资源的时间和空间价值匹配；（4）对水价进行改革和调整，以反映其多重价值；（5）通过结构化过程向价值驱动型水资源治理转变；（6）建立评估体系，确定水资源对生态文明建设的贡献程度；（7）实现生态文明建设的愿景和水资源在这个愿景中的作用。这七个重点包含了国家战略和法律所体现的关键主题①。

新的水资源政策制定方式能够识别和评估利益相关方所持有价值的工具，纳入了更加多元化的角度。政策创新有助于通过激励措施和定价、信息和沟通、机构改革和更有针对性的基础设施策略实现这些价值。识别、评估和实现水资源多元化价值的这些步骤将为中国和全世界的下一代水资源政策奠定基础。

为了支持七个智慧型政策重点，需要认可水资源的多元化和多重价值。显然，水资源在中国始终具有多重价值，包括生态价值、社会文化价值和经济价值。然而，无论是在中国还是全世界，政策和投资都以一些价值作为代价，忽略了另一些价值，从而导致相关成果未能发挥水资源的最大潜力。

七个智慧型水资源政策重点

1. 保护水资源的环境和文化价值。这个重点体现在水资源和生态保护红线政策、《长江保护法》及最近的其他高层次战略中。虽然中国取得了显著进展，但在水质（Ma等，2020年b）、人类可用水资源量和重要水环境生态退化（世界自然基金会，2020年）方面仍然存在重重困难。认识这

---

① 例如，《长江保护法》（2020年）、《关于创新和完善促进绿色发展价格机制的通知》（2018年）、《全国集中式饮用水水源地环境保护专项行动方案》（2018年）和《关于全面推行河长制的意见》（2016年）。

些价值才能促进保护，而且能够进一步为实现这种保护的政策设计提供指导。

2. 对水利基础设施进行管理，使水资源的多元化价值最大化。中国建设了全世界最大体量的水利基础设施以及世界上一部分设计最复杂的水道。正如本章通篇阐述的那样，工程建设成就支撑了中国在提供水资源服务、扩大农业生产、减少洪水灾害等方面的成功。然而，随着储存、处理和水系连通方面的基础设施基本需求得到满足，进一步投资的增量回报将减少。发达经济体及中国正在将重点转向对现有资产进行高效管理并采取有针对性的未来投资方式。对价值的认识可以支持这种方式，而且通过对所采用的替代基础设施管理方式的成本和效益进行评估，可以尽可能减少利益相关方与各部门之间的取舍，并且保证未来投资能够收回成本。

3. 对政策干预措施进行调整，与水资源的时间和空间价值匹配。正如第二章和第三章所述，水资源的价值随着空间和时间不同差别很大。人们对环境的价值认知和态度会随着时间和文化背景的不同而变化。

随着收入的增长，包括中国在内的很多国家越来越重视环境、娱乐和康乐价值（Ma、Zhang和Zheng，2017年）。另外，水资源的实体特性是高度多元化的，因而产生了同样多元化的生态、文化和经济价值。这首先意味着对价值进行本地化识别和评估是至关重要的，还意味着政策必须反映当地经济状况（例如水资源定价中负担能力的差异）。

4. 对水价进行改革和调整，以反映其多重价值。中国早在20世纪60年代就开始实施水资源定价政策，但这些政策按国际标准衡量水平较低[1]。农业用水收费很低，而且收费往往与土地面积而不是用水量挂钩。工业和生活使用者的水价低于收回供水运行和维护成本所需的水平，而且无法实现水质改善。很多城市针对家庭使用者实行阶梯水价，但无法促进效率提升或者保证低收入家庭能够负担。

水价永远无法完全反映水资源的多元化和多重价值——因为价值的某些方面无法用金钱衡量。然而，与目前的情形相比，水价可以在很大程度上反映水资源的经济价值，从而成为高效利用水资源的关键推动因素。

---

[1] 水费支出与可支配收入之比的平均水平远低于可负担水资源的国际标准（1.2%），水费和污水处理费率合计占收入的比例天津为0.6%、北京为0.37%、深圳为0.29%、广州为0.29%（国际水务智库，2020年）。

5. 通过结构化过程向价值驱动型水资源治理转变。正如本报告通篇阐述的那样，社会的期望是不断变化的。环境价值变得更加重要，而公民为体现这些价值的政策进行支付的意愿和能力也随之提高。政策制定者必须注意根据价值的变化情况对政策进行调整，而且要认识到政策对价值形成的反馈作用。需要能够达成共识的参与和协商过程，而且需要能够根据不断变化的状况对政策进行更新的适应过程。有必要考虑水资源定价的公平问题。在向以价格为基础的水资源政策转变过程中，要想始终获得利益相关方的支持，可能需要向较贫困的家庭提供补偿和进行退费。

6. 建立评估体系，确定水资源对生态文明建设的贡献程度。价值敏感型水资源政策建立在可信、透明数据的基础上。然而，中国水资源相关数据仍然分散在各级政府的多个机构，而且往往以无法比较、难以获取的方式公布。其中的原因包括未能针对官员采取数据报道的一致性激励措施、数据系统不兼容、机构文化中缺乏信任和透明度。完善监测和统计系统、提高各部门和各地区的整合程度以及引入公民参与，可以使价值敏感型水资源政策与生态文明的愿景保持一致。

7. 实现生态文明建设的愿景和水资源在这个愿景中的作用。在中国向生态文明愿景迈进的过程中，社会文化和生态价值必须在水资源政策中发挥日益显著的作用。中国水资源、地理区域和用水者的多元化不可避免地产生了相互竞争的利益，因此各机构和各流程有必要揭示并协调不同的价值，从而提出持久的解决方案。本报告介绍的工具和方法是实现这个愿景切实可行的手段。

从根本上说，中国的发展轨迹是由政策响应社会价值变化和期望的能力决定的。中国的快速发展给有限的水资源带来了与日俱增的压力，而仍然存在的效率低下现象和气候变化加剧了这种压力。这些反过来又会成为增长的制约因素，除非中国能够设法提高效率、极大地增强协同效应并进行合理的取舍。历史象征意义结合当地水资源治理方法为中国的水资源政策提供了基础。正如本章所述，要想建立根植于不断变化的社会价值观的政策框架，从而缓解这些制约因素带来的不利影响，还有很多工作要做。

以下各章将介绍识别、评估和实现水资源多元化价值、开展生态文明建设的各种方法。生态文明的愿景（见专栏1.4和图1.13）建立在价值概念的基础上，这些价值超越了简单的资源经济利用，包含生态价值以及人类与自然关系的文化和精神价值。这些价值概念必须纳入水资源政策中才能促成生态文明愿景的实现（见专栏1.5）。

专栏1.4　中国生态文明建设：基本架构、制度体系、总体愿景

中国正致力于全面、持续地建设生态文明，重点健全生态文明制度、建构生态文明体系，并于中华人民共和国成立100周年之际全面建成美丽中国。

中国生态文明建设，以5个体系为基本架构。根据2018年5月18日习近平主席在全国生态环境保护大会上的讲话，这5个体系包括（以生态价值观念为准则的）生态文化体系、（以产业生态化和生态产业化为主体的）生态经济体系、（以改善生态环境质量为核心的）目标责任体系、（以治理体系和治理能力现代化为保障的）生态文明制度体系、（以生态系统良性循环和环境风险有效防控为重点的）生态安全体系。

中国生态文明建设，以8项制度为根本动力。根据《生态文明体制改革总体方案》，这8项制度包括自然资源资产产权制度、国土空间开发保护制度、空间规划体系、资源总量管理和全面节约制度、资源有偿使用和生态补偿制度、环境治理体系、环境治理和生态保护市场体系、生态文明绩效评价考核和责任追究制度。

中国生态文明建设，以美丽中国为总体愿景。根据中国国家发展和改革委员会发布实施的《美丽中国建设评估指标体系及实施方案》，美丽中国主要包括空气清新、水体洁净、土壤安全、生态良好、人居整洁等基本要素。

资料来源：项目组根据中国政府相关文件整理而成。

图 1.13 "中国生态文明建设": 艺术演绎

资料来源: Remy Rossi 为国务院发展研究中心——世界银行"中国水价值研究"项目组编制。

专栏1.5 本报告中"价值"的含义是什么？

"价值"在不同的情境下有多重含义。它可能是指：（1）与世界观或文化背景有关的原则；（2）对某个事物或世界特定状态的偏好；（3）某个事物对本身或其他事物的重要性；（4）一种简单的量度（Pascual等，2017年）。

价值的这些定义并非独立存在的。例如，某人的一套原则会影响其他人的世界观，而且某个事物的量度会在一定程度上解释其重要性。然而，需要考虑这些差异在某个实例中的具体表现，例如湿地中的水资源价值。湿地提供的栖息地数量（一个生物物理量度）并不能充分描述其价值（即其作为生态系统对人类或自然的重要性），也不能精细地确定某人希望保护它的程度（偏好）。在无法通过情境明显判断的情况下，本报告对价值的含义进行了明确的区分。

本报告的不同部分阐述了价值的不同含义。第二章考察了中国和国际公民对水资源价值的认知（即其原则和偏好），随后考察了水资源价值的类型（即水资源的重要性）。第三章考察了怎样量化这些价值（即作为量度的价值）。第四章对这些方面进行了综合：怎样做出政策选择以保证水资源价值的实现，从而体现社会的偏好。

资料来源：作者编撰。

本报告的后面部分编排如下：第二章考察了价值类型及其识别方法，重点是经济行为中未能揭示因此往往被忽略的价值；第三章论述了怎样评价这些价值，以及在很多情形下怎样进行量化以支持将其纳入政策制定过程；第四章介绍了实现这些价值的政策工具和方法，而且说明了怎样由此制定更有效、更全面的水资源政策；最后一章又回到七个政策重点——表明了它们之间的关联，现有的识别、评估和实现方法以及其他国家的重要经验教训。

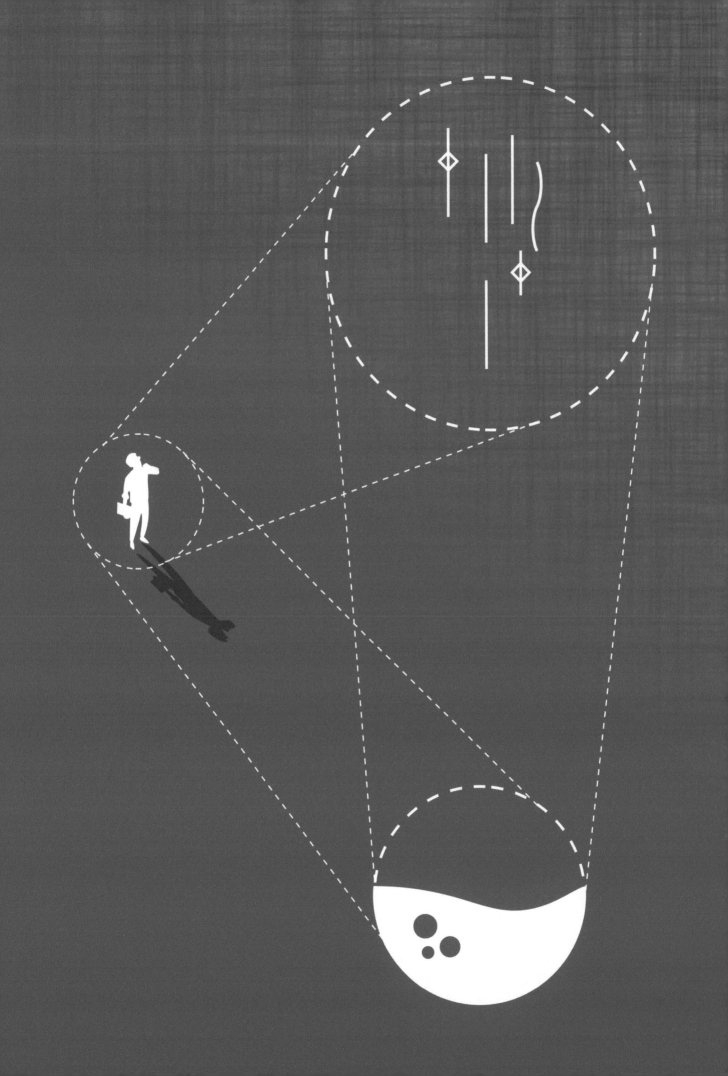

第二章｜
水资源价值的识别

▌目标

本章旨在介绍对水资源价值进行描述和分类的概念，给出证据表明对水资源和环境的态度和价值观随时间的演变，而且提出价值识别的建议。

▌要点

- 一些水资源价值会给人们带来直接而明显的效益；另一些价值是间接、无形或内在的。在水资源政策决策中仅考虑直接而明显的价值是一种普遍做法。

- 正如水资源价值不止一种一样，对水资源价值进行思考或分类的方式也不止一种。

- 水资源可能具有公共产品或私人产品价值——取决于其在水文循环中的位置以及社会和环境背景。水资源的公共产品价值往往被忽视，但它往往是水资源总体价值中一个很大的部分。

- 水资源的价值在一定程度上随人们的态度和世界观变化。过去几十年来，中国的环境质量受到更多关注。

- 水资源的价值也会随当地情境变化。全世界各流域都顺利实施了利益相关方协商机制，以便于在具体情境中进行价值识别。可以对这个过程进行扩展，从而在全面价值识别的基础上制定水资源和环境的共同未来愿景。

2.1

概念框架

水资源是经济发展的一项基本投入，是自然环境中不可或缺的要素，并且与文化传统、规范和信仰息息相关。它的价值远远超出了经济范畴，根据具体情境包含同等甚至更加重要的文化、环境和社会要素。其中一些价值给人们带来了直接而明显的效益，而另一些价值是间接、无形或内在的（见专栏2.1）。本报告认为，在水资源政策决策中仅考虑直接而明显的价值是一种再普遍不过的做法；所考虑的价值一般是经济效益，而政策决策中对生态系统服务等间接效益考虑较少，对内在价值考虑更少。相对于其他用途（包括非人类用途）而言，由此做出的决策更有利于消耗性使用。尽管存在概念上和实际上的困难，但识别水资源的多元化价值对于制定全面的水资源政策不可或缺，例如生态文明愿景下的政策。

本报告旨在提出关于水资源价值的多种观点。正如水资源价值不止一种一样，对水资源价值进行思考或分类的方式也不止一种。本报告强调了水资源对人们生活（包括非经济方面）做出的贡献——因为公共政策的目标通常是改善人们的生活。在此基础上，第三章和第四章介绍的工具强调了实用主义目标。然而，本报告也强调，不应忽略自然固有的、独立于人类判断的内在价值。

"水井干枯了，人们才知道水的珍贵。"

专栏2.1　水资源高级别工作组：珍惜水资源的五项原则

水资源高级别工作组（HLPW）开展的工作体现了对水资源多重价值的国际识别。 水资源高级别工作组是联合国和世界银行2016年共同设立的，由国家和政府现任首脑组成，宗旨是找到办法加快可持续发展目标——"人人享有水资源和环境卫生并对其进行可持续管理"的实现。工作组确定了珍惜水资源的五项原则。

1. **认可并接受水资源的多重价值**：识别并考虑水资源的多重、多元化价值，从而在与水资源有关的所有决策中区分不同群体和利益。需要考虑人类需求、社会和经济福祉、精神信仰与生态系统生存能力之间的这些深层关联。

2. **协调价值并建立信任**：开展以公平、透明和包容方式协调价值的一切过程。其中取舍在所难免，尤其是水资源较为稀缺时，因此需要在所有受影响者之间共享效益。不作为也可能发生成本，其中涉及更尖锐的取舍。面对当地和全球变化，这些过程必须具有适应性。

3. **保护水源**：其中包括可供目前一代和后代使用的流域、河流、含水层、相关生态系统和已使用水流。保护水源、防治污染和应对涉及多个维度的其他压力已经成为日益紧迫的任务。

4. **通过教育赋能**：针对水资源内在价值及其在生活所有方面的重要作用，对所有利益相关方进行教育和意识提升。

5. **投资和创新**：保证对机构、基础设施、信息和创新的充足投资，从而实现多方面的水资源效益并降低风险。

这些原则将在空间规划、基础设施建设、城市管理、工业发展、农业、生态系统保护和生活用水等领域，实现更广泛的参与，推出与水资源有关的智慧型决策并推行可持续的做法。

识别水资源多重、多元化价值的工作从水资源公共和私人价值的识别开始。水资源可能具有公共产品或私人产品价值——取决于其在水文循环中的位置以及社会和环境背景。水资源在提供非排他性（即所有人都能获得的效益）、非竞争性（一个人使用水资源不会限制其他人使用水资源）效益时属于公共产品[1]，例如生态系统服务（生物多样性或小气候效益）。随着水资源从水源进入水管和水渠，公共水资源成为私人产品——由特定家庭、企业或农场控制和使用（见图2.1）。因此需要一系列政策来确定这些不同类型效益的价值，包括水源地保护、高效基础设施决策、需求管理和污染防治（这些政策是本报告第四章的重点）。

水资源的公共产品价值往往被忽视，但往往是水资源总体价值中一个很大的部分。虽然一些公共价值比较容易识别——例如长江水资源运输货物的价值，但水资源的很多公共价值是无形或间接的。水资源对于景观美化的效益（美丽中国）或者水资源对于支持小气候或营养物保持服务的价值不太明显。然而，这些公共价值从数量来看往往是最大的：因为公共效益是非排他性的，流域或社会中的很多人都能够享有。

即使对个人而言价值较小，但所有个人聚集起来[2]会使所产生的总体价值快速倍增。这与水资源的私人效益（例如灌溉和家庭使用）形成了对比，这些效益对于特定使用者而言可能很大，但仅限于这个使用者，因此不会以同样的速度在整个人群中扩展。

即使水资源成为私人产品，也保留了公共价值，使水资源价值的识别变得更加复杂。由于水资源在生活中不可或缺，因此必须将水资源视为一种有益产品——一种生活和健康必需品，人们有权享有的一种产品。因此需要制定"安全网"政策来保障水资源的必要获取并促进公众健康和福祉。

---

① 水资源提供非排他性但仍有竞争性的效益时，往往也是一种"公共池塘资源"，例如某个含水层或河流的水资源可以被所有人获取，因此容易被一些人过度开采而损害他人利益。对于容易退化且无法私有化的有形资产（例如环境）而言，这是一种经常出现的结果，也是很多环境和社会困境的核心。

② 从经济角度来看，这对应于将每个行动者拥有的需求曲线进行垂直相加。

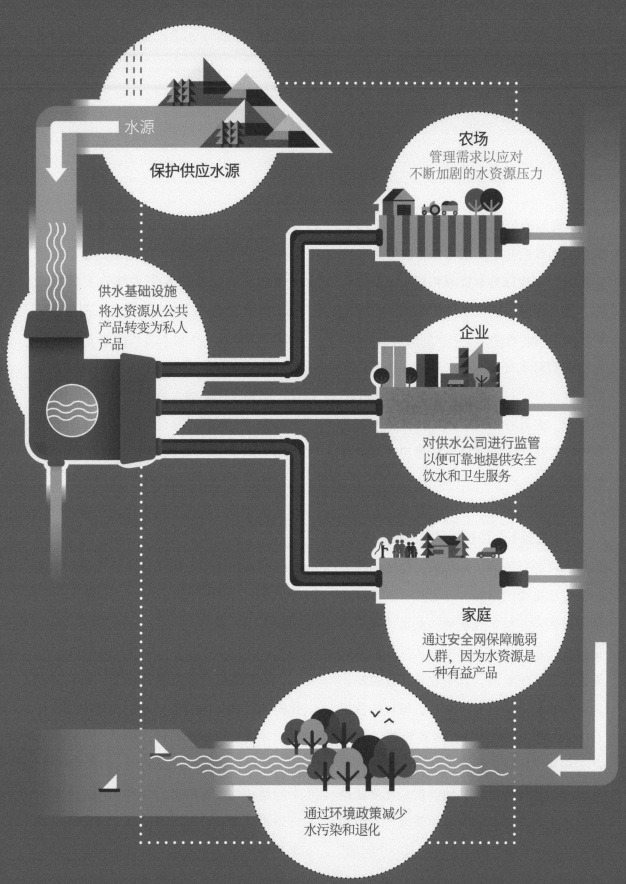

水源

保护供应水源

供水基础设施
将水资源从公共
产品转变为私人
产品

农场
管理需求以应对
不断加剧的水资源压力

企业
对供水公司进行监管
以便可靠地提供安全
饮水和卫生服务

家庭
通过安全网保障脆弱
人群，因为水资源是
一种有益产品

通过环境政策减少
水污染和退化

图 2.1　水文循环中水资源从公共产品到私人产品的转变

资料来源：Damania 等，2019 年。

2.2

水资源保有的价值

水资源的公共私人双重性是一个重要概念，但我们几乎无法得知特定的人在特定的时间和地点对水资源和相关现象的认知。为了了解人们与水资源的关系和对水资源的态度，有必要了解人们的价值框架，包括他们对水资源本身、环境、经济、政府和政策制定过程的态度。这些价值在不断演变，而且在不同个人、社区和国家之间存在变化；水资源价值的感知效益随这些因素变化。

与水资源有关的价值呈现出很多形态，但与水资源有关的信仰和关注程度构成了一个非常重要的指标。过去几十年来，包括中国在内的很多国家更加重视环境而不是有形产品。这种变化可以从世界价值观调查的数据中看出，其中收集了过去25年内各国的公众态度、行为和价值观的数据（Haerpfer等，2020年）。调查跟踪了对经济、环境、社区的相对重视程度，对科学和政府的信任程度及其他因素。更多证据可以从皮尤全球民意调查中获取，其中跟踪了2008—2016年对"水污染是一个问题"这个说法的赞同程度（皮尤研究中心，2021年）。

2020年，68%的中国受访者认为，保护环境应当成为重点，即使这会导致经济增速放缓而且会让人失去部分工作机会（见图2.2）。过去25年内，这个比例提高了近20个百分点。年轻人尤其持有这个观点：2018年，30岁以下的人有71%持有这个观点，而50岁以上的人持有这个观点的比例为65%。对环境保护行动有信心的人群比例也略有升高。与此同时，2008—2016年，认为水污染是一个问题的人群比例升高了10个百分点。这表明对水资源环境和健康价值的认识和关注程度也在同步提高，而且与过去10年环境问题被媒体报道的增加导致的认识程度提高也是一致的（Shao，2017年）。

环境和社会价值非常复杂，而且其变化模式存在反向趋势。其中包括中国受访者担任环境组织成员的比例略有下降（先前水平已经较低）。与2007年——可获得这个问题相关数据的最后一年相比，人们对环境税收和政府对环境问题干预措施的热衷程度也下降了（应当注意的是，这些较早的时间序列可能遗漏了近年来中国经济高速增长时期非常重要的社会变化）。

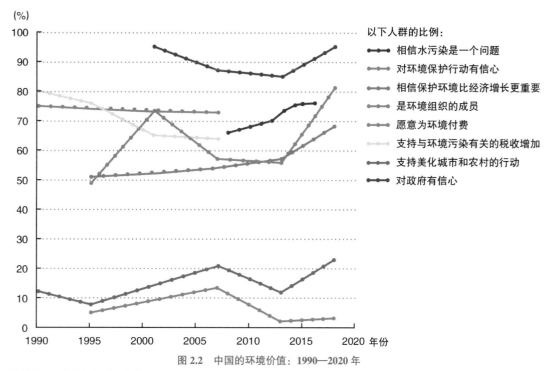

图 2.2　中国的环境价值：1990—2020 年
资料来源：作者根据世界价值观调查数据以及皮尤全球态度和趋势题库（2021 年）绘制。

中国政策制定者的态度也发生了变化，而且对水资源政策产生了影响；1995~2020 年，在环境问题上人们对政府的信任程度从52%上升到68%。认为应当将美化城市和农村作为当务之急的人群比例也有所上升。

总体上高收入群体对环境问题（包括水质）更加关注（见图2.3）。中国受访者对水质不佳较为担心，其中所有收入群体中约有20%的人认为这是一个非常严重的问题。收入和教育是决定水污染和全球气候变化认知情况的一致性最高的正面因素，反映了这些群体能够更好地获取关于环境问题的信息。年轻人更多地认为水污染是一个大问题（Shao，2017年）。

先前的研究也表明了中国对这一问题关注程度的空间差异。北方省份（除黑龙江省外）居民对水污染表现出中等关注程度，而与其他地方的城市居民相比，四川省、江苏省和广东省居民更加关注水污染问题。在更加局部层面上，城市环境质量被认为在影响个人为环境改善付费的意愿中发挥重要作用（Shao、Tian和Fan，2018年）。

你所在社区的环境问题：
水质不佳

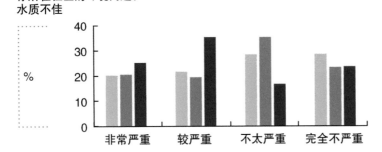

你所在社区的环境问题：
下水道和卫生状况不佳

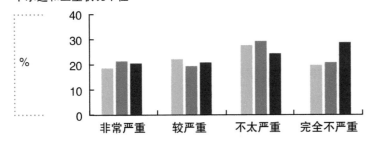

收入百分位点
低
中
高

世界环境问题：
河流、湖泊和海洋污染

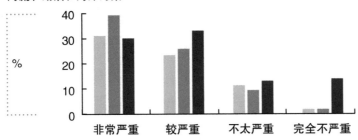

图 2.3　中国受访者对水资源和卫生质量的关注程度——按收入水平划分

资料来源：作者根据世界价值观调查数据（2021 年）绘制。

中国与其他国家的比较表明，对环境和水资源的全球关注程度总体呈上升趋势，但也存在一些不同趋势（见图2.4）。过去五年内，中国居民对环境保护行动的信心有所提高，与作为重点提出生态文明的概念一致，而日本、美国和大型新兴经济体的信心水平较为平稳。与作为比较对象的高收入国家相比，中国居民不惜以牺牲经济增长为代价保护环境的意愿增长速度更快，可能反映了这期间中国持续的高经济增长速度，以及由此造成的公众对生态成本认识的增加。中国居民担任环境组织成员的比例有所下降，因为政府在解决环境问题中发挥主导作用。总体上，中国对环境价值的支持程度在不断上升，而且超过或接近这些对照国家的水平。中国居民对政府的总体信心也高于其他国家。

这些数据揭示了人们对环境、水资源和治理价值的感知，但很少揭示水资源在特定地点的具体价值。水资源价值随着社会视角和重点变化（即人们与水资源有关的价值观），而且随着水资源对人类和自然（即其工具和内在价值）的贡献变化[①]。后者随着情境和水资源在这个情境中的作用变化。考虑到可得性、可用性和风险的高度地方化差异，与常规产品和服务的价值相比，水资源的价值变化幅度更大（Young

和Loomis，2014年）[②]。要想了解在特定情境下水资源的价值，需要对其对人类和自然的贡献进行地方化评估，这一点将在下一章阐述。

---

① 各种价值要素的简要阐述详见第一章专栏1.5。
② 这种变化的意义在于，与其他自然资源相比，针对水资源采用"效益转移"法，即根据一个情境下的研究结果来估计另一个情境下水资源的价值更加困难。我们将在下一章考察价值评估方法。

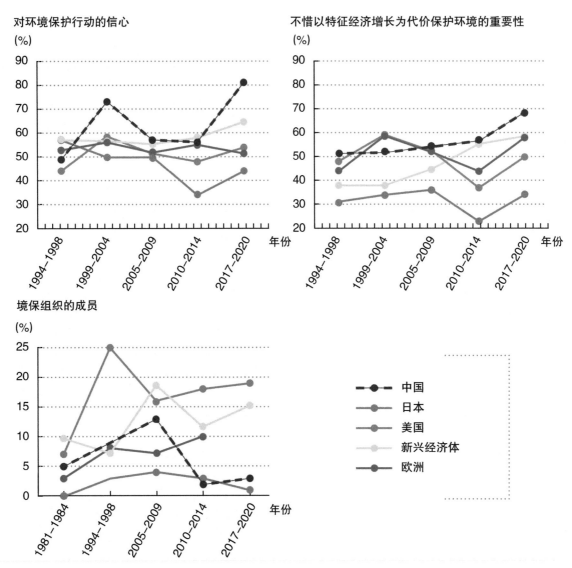

图 2.4 部分国家的环境价值和关注程度

注：新兴经济体的数据是巴西、印度、印度尼西亚、马来西亚、俄罗斯、越南、南非、泰国和土耳其结果的平均值。欧洲的数据是保加利亚、芬兰、德国、匈牙利、挪威、波兰、罗马尼亚、斯洛文尼亚、西班牙、瑞典和英国结果的平均值。

资料来源：作者根据世界价值观调查数据（2021年）绘制。

价值类型

正如水资源价值不止一种一样，对水资源价值进行思考的方式也不止一种。没有哪一种价值分类能够涵盖水资源的所有价值。为很多常用评价工具（第三章的主题）提供依据的一个常用框架是总体经济价值框架。

这个框架被命名为"总体经济价值框架"，是因为其中包含的水资源价值是人们感知并作为行动依据的价值（即它是一个实用主义框架），当然，其中可能还包含标准经济政策制定过程中一般不包含的生态、社会和文化价值（见图2.5）。

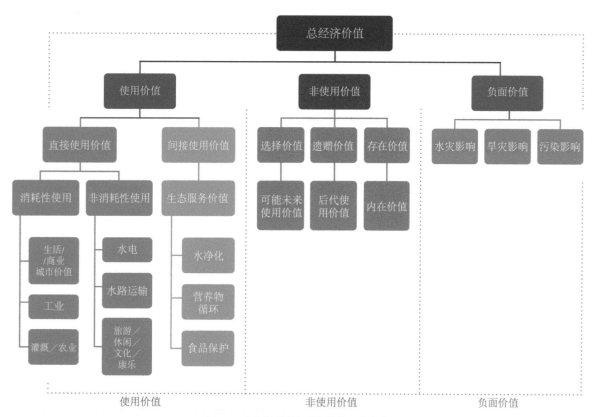

图 2.5　水资源总体经济价值的组成部分

资料来源：作者根据 De Groot 等（2006 年，23 页）绘制。

使用价值是在满足某种人类需求或愿望的过程中从水资源获得的效用。它可以来自直接和间接使用。直接使用价值是指从水资源的直接使用或接触中获得的效益，包括消耗性使用和非消耗性使用。

• 直接消耗性使用是指水资源从人类可用水源中消失而且没有返回系统（至少并非以同样的形态返回）。其中包括生活使用、灌溉农业和工业生产过程。

• 直接非消耗性使用是指在不消耗水资源的情况下创造效益，或者如果水资源被开采，那么几乎会全部返回系统。其中包括水路运输和渔业。

间接使用价值是指从水资源提供的调节、支持和保护服务中获得的效益。例如湿地营养物循环、洪水调节（流量和沉积物）、废物同化处置（稀释、纯化、运输）或小气候效益。人们会从水资源获得一些有形效益，但并未直接使用水资源。

非使用价值源于水资源的单纯存在。例如，湿地的存在价值来自知道湿地存在获得的效益，即使知道者与这些水资源没有实体关联，而且永远不会亲自看到或使用湿地。

除这些价值外，还有与水资源的风险有关的成本。例如，水资源短缺可能会导致获取受限并影响粮食价格，而水资源过多会造成水灾并需要大量投资进行治理。水质也会因为污染影响带来巨大的直接和间接成本（见专栏2.2）。

专栏2.2　美国密歇根州弗林特市水污染危机的经济成本

2013年，制造业之都密歇根州弗林特市批准了一项计划，将供水职能从底特律供排水部转移到凯莱格农迪水务局（KWA），以降低供水成本。 在这座城市与底特律供排水部的合同结束而与KWA管道项目完成之间有一年的真空期。在此期间，这座城市通过对弗林特河水进行临时处理填补了这个真空期。弗林特河水的腐蚀性较强，在管道中生成了有毒的铅，污染了城市供水。2015年10月1日，这座城市宣布进入公共卫生紧急状态。

为此，需要大量水资源来缓解当前的公共卫生风险。 在近两年半的时间内，州级政府和联邦政府向当地居民提供了免费桶装水和滤水器。仅提供免费桶装水的成本估计就高达每天22000美元。

州级政府拨付了9700万美元资金对18000条供水管道进行开挖和检查，而且更换了用铅制成的管道。密歇根州级政府总共拨付了约3.5亿美元资金来应对这次危机，这还不包括美国国家环境保护局拨付的用于这座城市饮用水设施升级的1亿美元资金。

此外，还发生了其他卫生和经济成本。 如弗林特市儿童血铅水平升高了约0.5微克/分升（μg/dL），长期社会成本约为6500万美元。水源改变后，平均住房价格下降了9%~25%，宣布紧急状态后进一步下降了13%~20%，总损失达到3.45亿~4.97亿美元。

资料来源：Christensen等，2019年；Zahran等，2017年。

2.4

价值实例

只有识别了水资源在每个情境中的具体价值，才能制定出保护和强化这些价值的政策。这些价值有可能呈现出多种形态，主要包括生态、经济、文化和健康价值。

- **农业中的水资源价值是一种经济价值，而且包含文化、粮食安全和生态要素。**农业是中国最大的用水部门，占水资源开采总量的60%以上（见图2.6），而且在过去60多年内增长了近三倍，从1950年的960亿立方米左右增加到2018年的3690亿立方米。在同一时期内，灌溉土地面积增长了三倍以上，从16万平方公里增加到68万平方公里。如今，中国灌溉土地面积占全世界总量的20%以上。农业用水创造了显著的经济价值（包括粮食安全），同时也进一步提升了与农业传统和优美景观相关的农村文化价值、与农用地自然景观相关的生态价值等（间接使用或非使用价值）。

- **工业中的水资源价值同样具有经济属性，也同样根据情境具备从属价值。**过去70

年内虽然中国用水量的初期增量被用于农业，但后来越来越多的水资源用于工业。农业用水在20世纪90年代达到峰值，后来稳定在每年3500亿~4000亿立方米的水平。工业用水达到峰值的时间则晚得多（2011年，1462亿立方米）。水资源推动的工业生产价值支撑了中国成为全球制造中心。工业用水一般在质量而不是数量上具有消耗性（即使用价值），但也能在某些情境下创造文化价值。

- **生活中的水资源价值具有经济、健康和文化价值（包括使用和非使用价值）。**中国生活用水仍未达到拐点，而是从1997年的520亿立方米左右稳步增加到2018年的860亿立方米。中国城市供水能力从1978年的每天2500万立方米增加到2017年的3.04亿立方米，增长了近12倍。到2018年底，已有1100多万个供水工程竣工，服务于9.4亿农村人口，农村自来水的渗透率达到81%。水资源在生活情境下创造了显著的健康效益（见专栏2.3）。

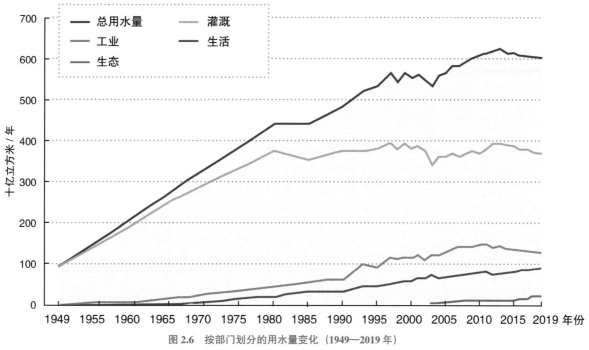

图 2.6 按部门划分的用水量变化（1949—2019 年）

资料来源：国务院发展研究中心（2021 年）。

专栏2.3　中国农村饮水安全项目的健康和教育价值

中国农村饮水安全项目对水厂和管道进行投资，旨在为农村居民提供经处理饮用水。 过去二十年内，该项目总投资为88亿美元，覆盖3亿人，人均成本为30美元。该项目创造了显著的健康效益，成年人发病率下降了11%，体重身高比增加了0.835千克/米。由于该项目的实施，儿童体重身高比和身高分别增加了0.446千克/米和0.962厘米。

该项目也创造了教育效益。 根据中国健康与营养调查数据，1989~2011年，能够获取经处理饮用水的农村年轻人平均受教育年限延长了1.08年，初中和高中毕业的比例分别提高了19.8%和89.6%。对女孩子的受教育水平的影响尤其显著。此外，与儿童时期较晚获取经处理饮用水的年轻人相比，幼儿时期（0~2岁）能够获取经处理饮用水的年轻人受教育年限明显更长。

资料来源：Zhang，2012年；Xu和Zhang，2014年。

- **水力发电的水资源价值（非消耗性使用价值）**。中国水力发电总潜力（自然排放到最低水位产生的能源总量）位居世界第二，仅次于俄罗斯。到2018年，中国水力发电装机容量达到35.2万兆瓦，发电容量排名世界第一。水力发电占中国总发电量的15%~20%，水力发电量从2000年的略高于200万亿瓦时增加到2017年的略低于1200万亿瓦时。

- **航行的水资源价值（非消耗性使用价值）**。中国拥有总长12.5万公里的适航内陆水道，在全世界所有国家当中水道分布最广泛。水道主要分布在华中和华南地区。1949~2017年，中国内陆河道货运量从700万吨增加到37亿吨。1987~2003年，随着道路和桥梁基础设施的改善，客运量有所下降，但近年来在休闲旅游的推动下又有所上升，体现了这些情境下水资源的另一个重要价值（以及对水资源治理和基础设施建设的考量）。2018年，水道客运量约为2.8亿人次。

- **生态服务的水资源价值（间接使用价值或非使用价值）**。水资源提供了各种生态服务，包括供应、调节、文化和配套服务。水资源循环通过降雨、径流和土壤水分运动等过程向生态系统提供水资源，而且影响着生态系统的生长和分布。水资源的变化促成了中国各地的很大一部分生态多样性，其中从东到西降雨量的逐渐减少形成了森林、草甸草地、典型草地、沙漠草地及草地沙漠和沙漠等地貌特征。水资源（或水资源短缺）决定了主要生态特征及其各自的价值。这些生态价值也影响（或推动）了文化价值。在一些文化中，生态与文化价值相互交织，如果不能在政策制定过程中识别这些价值，就会使相关群体蒙受不成比例的损失（见专栏2.4）。

- **文化活动的水资源价值（间接使用价值或非使用价值）**。中国古文明以围绕水资源的多元悠久文化和传统著称。水资源的社会和文化价值体现在有文化意义的水景观（见专栏2.5）、有重要文化价值的水乡以及著名水景（例如钱塘江大潮和黄果树瀑布）之中。其中还包括有形的水利工程（例如京杭大运河），以及与水有关的艺术作品，例如工艺品、文学作品、手稿、书籍、代表性实物及其他与水有关的诗歌、神话、史诗、故事、传说和谚语。在很多国际情境下，深层的精神和文化意义往往依附于水资源。如果需要在水资源政策决策中考虑这些价值，那么通过调查和协商活动识别这些价值是有必要的（见专栏2.6）。

专栏2.4 澳大利亚墨累–达令河流域水资源的文化价值

澳大利亚由数百个不同的原住民和托雷斯海峡岛民民族组成，他们有着自己独特的文化、语言和信仰。在墨累–达令河流域（澳大利亚主要河系之一）内至少有48个原住民族。这些民族在这个流域居住已有至少4万年，距离欧洲人殖民已有230多年，距离1901年澳大利亚联邦成立已有120年。

在原住民的世界观中，人民和国家（包括土地、水道和海洋）属于独立实体，通过文化和精神意义在景观中有内在联系。这意味着自然与文化无法分开：原住民的文化福祉受自然环境健康程度的直接影响。这种"与国家的关联"是很多原住民族的一个基本价值观。水资源是原住民国家观的一个基本要素，意味着不应孤立地进行水资源治理。原住民的理念——梦幻，就是建立在人类和事物之间所有这种相互关联性的基础上。

围绕重要水资源地的知识和信仰以及由此产生的文化价值促成了自然资源治理活动。澳大利亚原住民以对国家的监护职责著称，作为原始环境伦理观的一部分，在水资源相关活动中取得了令人瞩目的环境成果。

但这些价值观并未始终得到识别并纳入政策决策中。原住民担任决策职务提高了政府和广大社区对水资源文化价值的认可。这些概念也得到了高层级政策文件一定程度的认可，例如《墨累–达令河流域规划》（2012年）。然而，有必要加深这种认可，并提供财务资源，以保证原住民在水资源政策决策中的独立和知情参与。

资料来源：澳大利亚水资源伙伴组织和世界银行，2021年。

专栏2.5 非物质文化遗产的价值评估：郑州市水文化遗产

黄河被视为中华文明的摇篮。河南省郑州市位于黄河中游，在经济利用和水灾防治方面有着治理水资源的悠久历史。4000多年的水利建设留下了丰富多彩、数量众多的水资源相关文化遗址。不但有灌溉系统、防洪工程、供排水工程和运河，还有相关的文化建筑、文物、文献典籍和自然水景观等，这些都是中国和世界文化遗产宝库中的瑰宝。

2018年，郑州市水利局对市内水资源相关文化遗产进行了调查。编制了一份水文化遗产识别和评估标准与指南，结合各利益相关方的意见为水文化遗产提供了一个评价框架。这个框架包含代表四个类别的指标，包括历史价值、科学技术价值、社会价值和艺术价值。

历史价值包括历史年代、与历史人物的关联、设计稀有性等；科学技术价值是指工程和规划中体现的对当今水资源治理有用的知识和技术；社会价值包括与人民福祉有关的价值；艺术价值是指美术价值及其他艺术方面的价值。

这项评估是郑州市水利局对当地水资源文化遗产识别和评估工作的一部分。评估框架是郑州市水利局编制的指南的一部分，提供了系统性地运用于当地主要文化遗产地的标准，从而有助于指导保护工作。每个遗产地的最终无单位分值总结了不同类型的价值，有助于进行比较并确定重点。

根据这些准则，郑州市水利局计划实施水文化遗产的识别过程，对最有价值的遗产进行识别和认证。郑州市水利局还在进一步规划机构框架，以保护和传承认证的水文化遗产。

资料来源：作者编撰。

专栏2.6　南亚地区大型河流的文化价值——恒河及布拉马普特拉河

作为印度最长的河流，恒河是印度教徒心目中最神圣的河流之一。恒河每年都会迎来数百万朝圣者，成为一个重要的宗教和文化活动中心。人们沿河岸举行出生、死亡和宗教活动等仪式。人们普遍认为，在恒河进行沐浴可以净化人的心灵。印度这种非常特殊的信仰以及对恒河的尊敬不仅与印度教文化一样悠久，而且也成为很多印度人文化认同的一部分。

布拉马普特拉河流经中国、印度和孟加拉国，对于佛教徒和印度教徒而言都有宗教意义。这条河流在中国境内的一段称作雅鲁藏布江，在印度境内的一段称作洛希特河或布拉马普特拉河，在孟加拉国境内的一段称作贾木纳河，证明了流经各地多元文化的存在。传说在有人类活动之前，羌塘高原被一个大湖的湖水所覆盖。一位菩萨（开悟之人）认为河水必须流动才能让这个地区的人民受益，于是穿过喜马拉雅山脉开通了一个出水口。雅鲁藏布江流经的高山、峡谷和丛林都是神圣的，中国西藏古代手卷也提到了深藏于喜马拉雅山脉中的圣殿隐谷。人们认为在这里变老的速度会减慢，而且动物和植

物都有神奇的力量。很多人认为这个地区有通往人间天堂"香格里拉"的入口，它也许就藏在世界最深峡谷底部的瀑布之中。

与布拉马普特拉河系相关的文化和社会权利影响了资源利用模式。在桑朗河段，河流的各段通常分配给不同家庭。部落定居点或宗族通过一个透明的出价过程将河流的一段分配给一个家庭，而这个家庭由此获得了对相关活动进行监督的权利。出价款项由村委会保留，通过一份一年期的书面合同来保证相关权利，之后重新开始出价过程。各部落族群对这条河有着很强的主人翁意识。

在印度，相关水体和仪式被赋予了法律地位以保护水资源的文化价值。2016年12月，在一项标志性决策中，北方邦、阿坎德邦和印度法院发布命令保护恒河及亚穆纳河。这两条河及其支流被宣布为有生命的法律实体，拥有与人类同等的权利和责任。法院认为，这样做对于保护认同这两条河文化和宗教价值的数百万印度人的信仰至关重要。

资料来源：作者改编自Kumar（2017年）。

2.5
价值识别：建议

将价值纳入水资源政策中是从共同设想水资源和环境未来理想状态以及调查利益相关方对水资源观点和价值认知的过程开始的。只有这个过程涉及与水源（包括地表水、地下水和处理水）治理和分配有关的多个利益相关方，才能达到最佳效果。其中可能涉及多个部门（工业、农业、渔业、交通运输）的利益相关方，而且会考虑对水资源的关注超出经济因素（例如文化和生态意义）的使用者。

全世界流域都成功地采用了利益相关方协商机制，以促进这个价值识别过程。有多个模型可以对不同实体规模和所涉及利益相关方的数量进行拟合。要想这个过程产生的政策决策被接受并实施，招募利益相关方的合格标准和权利分配方案必须明确界定而且要被认为是公平的。同样，被选择为代表利益相关方的个人必须被这些群体确认为合法且胜任的。

用于支持利益相关方协商的证据基础的质量和可得性至关重要。所有利益相关方都必须能获取与资源当前质量和数量、各部门需求、生态要求和未来需求预测有关的充足、可靠的数据。这些预测是根据合理、透明的假设做出的。应当分析预测对这些假设的敏感性，而且在适当时将对替代情境的分析作为补充。还应当注意的是，并非水资源的所有价值都建立在量化证据的基础上，而利益相关方根据与水资源无形关系提出的价值仍然非常重要。

未来理想状态的界定不可避免地涉及所识别水资源价值之间的取舍。由于无法完全让所有利益相关方感到满意，因此实现这个愿景所遵照的程序必须让参与者认为是公平的，而且他们必须全部承诺遵照实施源于共同愿景的政策决策。这需要对识别的所有价值进行认可，即使起初服务于其他竞争性价值后来将这些价值纳入。这些原则将在一套框架性建议中进行归纳（见专栏2.7）。

专栏2.7 确定水资源价值的建议

1. 信息收集和咨询

- 让所有利益相关方参与协商，从而建立水环境未来理想状态的共同愿景。其中应当包括水资源管理者、使用者以及与水资源有间接利害关系或关联的其他方。

- 在多个层级使多利益相关方协商主流化。在流域层面，这应当建立在经过扩展和强化的长江流域利益相关方协商论坛基础上——2020年设立的一个科学技术咨询委员会，而且可以根据经验在其他流域复制这种模式。

- 建立常设协商机构。不去识别与特定动态和新动态有关的价值，而是通过利益相关方设立咨询和公民机构，而且作为日常管理和现有政策完善的一部分，需经常寻求建议。

2. 信息提供和使用

- 提供高质量的证据，作为围绕价值共同协商的基础。当然，除根据通过数据确定的有形关系识别的价值外，还应当根据无形关联和认知来识别价值。

- 对非货币价值给予明确认可，例如生态和文化价值。这些价值可以通过调查和访谈获取。

- 围绕所识别的价值制定一套指标，用于衡量水资源政策的广泛影响。虽然任何一套指标都不太可能完全反映利益相关方和社会识别的全部价值，但可以做到多元化的指标（包括定性量度）制定。公民社会组织可以在监测合规性及环境成果中发挥一定的作用。

- 建立一个全国性水资源信息共享平台。建立流域级共享信息平台，以推动各省和各使用者群体之间的系统级愿景设定、规划和管理。这可以作为目前对河湖长制信息进行标准化并纳入共享信息平台的一部分。

3. 责任和可采性

- 保证公众能够获取环境监测信息，从而实现利益相关方的有意义参与。提高学术研究以及公民社会参与和评论中数据的透明度。也应当公开价值数据，让公众审查和研究（即调查和协商结果）。

- 保证水资源分配和保护决策的透明度和可采性。决策应当遵照明确而一致的程序，而且得到证据的支持，包括记载的利益相关方观点和价值认知。

- 建立决策审查和争议解决机制。流域管理机构应当有权在必要时执行决策。

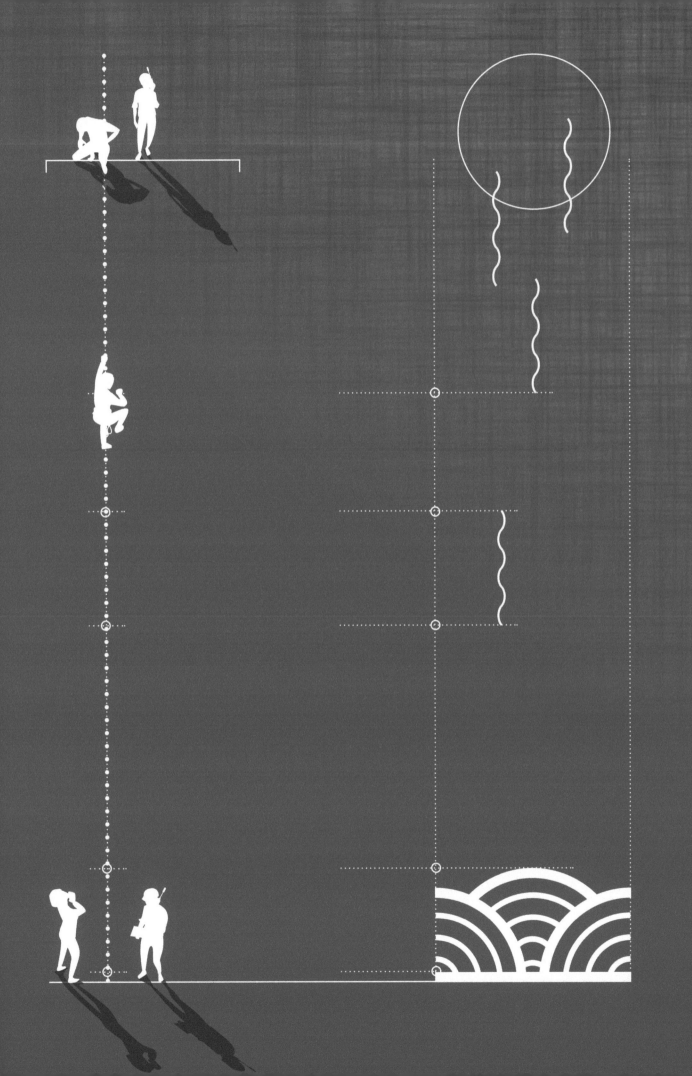

第三章 |
水资源价值的评价

▌目标

在第二章价值识别的基础上，本章介绍了这些价值的定量或定性评价方法，而且在一致的框架中对这些价值和需要的数据进行了整合，从而有助于对涉及水资源多重价值的政策状况进行评价。

▌要点

- 评价水资源的多重价值对于做出水资源的知情决策至关重要。对各种价值进行比较的评价有助于指导水资源在竞争性用途之间的分配。

- 在经济框架下评价水资源价值的方法包括显示性偏好方法，其中人们在市场中的行为表明了水资源的重要性。

- 在非市场情形下——对于生态或社会文化价值非常重要，可以用叙述性偏好方法或主观方法评价采用价值。

- 不同的方法适合水资源的不同价值。可以在一致的评价框架中对这些分析的结果进行整合，例如效益成本分析和多标准分析，而且可以通过系统评估和水文经济模型在流域层面进行整合。

- 评价依赖于可靠、易于获取、反映地方情境的数据。自动监测系统、实时数据共享平台和支持数据获取的机构有助于实现更透彻、更频繁的评价。

在实现水资源价值的过程中，识别价值是一个必要但不充分的步骤。在可能的情况下对价值进行量化，或者在无法量化时进行定性排序和评估，对于水资源知情决策至关重要。评价有助于在竞争性用途之间对水资源进行分配并使其价值最大化，同时有助于保证做出高效的基础设施选择：只有新水资源的经济和社会价值能够证明所需资金投入是合理的，而且超出增加水资源开采造成的环境价值损失，才会增加供应。评价还能进一步指导水质保护措施的制定。只有清洁水资源的经济价值——以下游处理成本下降或环境成果改善衡量，超出更严格标准、限制或污染税的成本，才能证明这些标准、限制或污染税的合理性。从根本上说，多元化价值评估和评价是制定高效、公平水资源政策的一个必要步骤，包含在第一章所述的政策重点领域中（智慧型）。

对水资源的多元化价值进行评价可以为决策提供定量的政策基础，但取舍是不可避免的，而且决策仍然具有政治属性。水资源政策决策涉及使用者（农业、工业、城市和环境本身）之间和价值领域（社会、文化、精神、环境和经济）之间的取舍。即使可以完全识别价值并对可比性成本和效益进行分配，也只是揭示了取舍问题，并没有解决取舍问题。围绕分配问题和各价值来源间取舍可接受程度的决策属于社会性选择。然而，通过评价过程进行的识别及核算可以提高取舍的透明度并提升对公平性的认知，从而为决策者提供帮助，也有利于取舍成本的承担者接受政策选择。

评价及其方法

与水资源有关的各种效益和成本可以采用本章所述的不同方法进行衡量。已有越来越完善的方法对价值进行量化和货币化，从而支持对不同价值类别、可供选择的水资源政策和项目进行比较。其中包括水文和经济模型、统计方法和参与式过程（Young和Loomis，2014年；Kenter等，2016年）。没有哪一种方法能够确定水资源的总体价值，相反，每种方法揭示了水资源价值不同部分的要素，而且在某些情况下是相互重叠的，在某些情况下是不同的。可以采用多种方法来探索价值评估问题的不同角度。

很多方法建立在实用主义观点的基础上（即人们认可并获得的水资源价值）；这些方法旨在对价值进行量化、可比较的评估。实用主义框架非常有效，因为它可以在概念上实现对多元化价值的可比估计。例如，实用主义框架可以将一个湿地生态系统的经济价值（例如湿地污染物渗透或提供给附近居民的康乐价值）与开采湿地水资源用于农业生产创造的经济效益进行

比较。然而，这是一种明显有局限性的比较：价值的某些重要概念（例如内在价值）被排除在外。如果人类不知晓这个湿地，或者从中获得了一些直接或间接效益或满足感，那么它在这个框架下没有价值可言（Rea和Munns Jr.，2017年）。本章后面部分将介绍研究内在价值的方法。

实用主义价值评估方法包括叙述性偏好方法和显示性偏好方法（见图3.1）。显示性偏好方法又称"客观"方法，用于根据人类选择所揭示的水资源需求来评价水资源的价值，例如他们在生产过程中使用水资源或者选择在哪里居住和休闲。叙述性偏好方法又称"主观"方法，超出了市场揭示的范畴，用于确定无法表明人们市场行为的非使用价值。这些方法可以量化存在价值，即反映人们对某种资产存在的认可（及其通过缴纳更多税款或支付更高产品价格为其付费的意愿），即使他们并未直接或间接利用这种资产。下文将说明这两类价值评估方法。

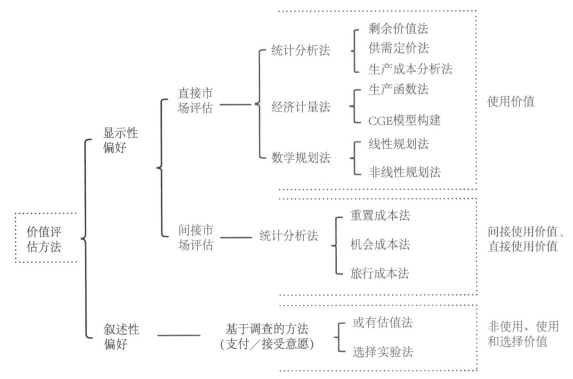

图 3.1　价值评估方法及其在不同价值类别评估中的运用

资料来源：作者绘制。

3.1.1
显示性偏好方法

A. 直接市场评估

在直接市场评估中，水资源被视为适销产品的一种生产要素。水资源数量和质量的变化会引起生产效率和成本的变化。这些因素会改变产品价格或生产水平，从而决定了水资源的市场价值。直接评估主要包括剩余价值法（水资源对特定产品价值贡献的统计量度）[①]、供需定价法（对水资源市场价格变化所引起需求变化的统计评估或直接观察）和生产函数法［对生产投入（包括水资源）与产出（例如农产品）之间关系的统计评估］。这些方法表明了水

资源对经济产出的贡献，因此表明了某一个类型的经济价值。

直接市场评估有助于指导水资源短缺地区进行跨部门水资源再分配。 这一点体现在宁夏回族自治区和内蒙古自治区——这两个地区的供水高度依赖黄河，而且面临严格限制。宁夏回族自治区的年度超额用水量（超出省级分配量的用水量）约为17亿立方米，内蒙古自治区的年度超额用水量约为8亿立方米。农业部门是最大的水资源使用部门，占这两个地区用水总量的90%以上。然而，采用生产函数法对每单位水资源价值进行的评估表明，工业部门中的水资源价值比农业部门高出60~110倍，

---

① 将所有非水资源投入的成本从产出价格中减去，剩余的部分就是水资源价值。

其主要原因是在采矿和化工生产中水资源的使用价值非常高。两个自治区的政府总共进行了19次试验性水权转让，其中提高灌溉效率的投资（不对农业生产造成损失）使得水资源可以转移到工业用途。据国务院发展研究中心估计，扣除投资成本后，这些转让的经济价值至今已超过131.5亿元人民币（20.3亿美元）。

水资源的价值可以由它们所存在的水资源市场直接揭示。宁夏回族自治区和内蒙古自治区水权转让实现的价值是水资源市场试图持续创造的一类价值的实例，即将水资源从生产效率较低的用途转移到生产效率较高的用途。典型的市场化方法是将可用水资源分成若干份额，并允许这些份额在使用者之间进行交易，例如某个流域内的灌溉者之间（不太常见）或者农业与工业部门之间。这些份额的价格可以方便地揭示水资源的经济（使用）价值，而这种价值会随供需情况波动①。然而，除澳大利亚墨累–达令河流域、智利、美国西部各州和中国部分试点项目长期存在的安排外，水资源市场在全球范围内仍未普及（见专栏3.1）。

在揭示价值的同时，这些直接评估方法在一些重要方面存在局限性：排除了非市场价值和整体经济层面的关联。我们将在下一节介绍非市场价值。关于经济关联，生产函数法运用于单个企业或行业，表明了水资源在这个企业或行业内的转移是如何增加经济产出的（局部均衡影响）。实际上，这个企业或行业的活动会对其他企业或行业产生持续的经济影响，就如同企业或行业被剥夺了转让权会产生负面持续影响一样，其中服务于受直接影响企业的其他企业会感受到间接后果。通过经济产生的这些涟漪效应有可能显著地大于原始影响。

因此需要对生产函数法进行扩展，从而考虑这些影响；可计算一般均衡（CGE）模型是符合这个目的的一种常用方法。CGE模型一般在国家或地区层面构建，根据一系列生产函数对经济投入与产出之间的关系进行量化。这些函数代表了关于投入——资金、劳动力和原料（例如水资源）怎样结合创造价值的假设。与上文所述的其他方法不同，CGE模型是动态的，表明了一段时间内的经济变化。CGE模型可以与水资源结合来估计水资源分配决策或供应制约因素的经济影响。

---

① 根据水资源市场中的价格来推测价值存在一些限制。价格取决于市场的总体分配上限（控制着资源的稀缺性）。用于环境的水资源储备和许可条件（可能与上限同时存在，因此会影响水价）有助于确定并保护水资源的广泛价值，但仅在某些情况下运用。这些机构安排将在本报告第四章阐述。

CGE模型可以表明水资源的"影子价格"——整个经济体内水资源边际价值的价格。这个价格反映了在部门之间和一段时间内优化分配的条件下，水资源对经济生产的贡献。国务院发展研究中心对中国CGE影子价格与原水和自来水价格的比较表明，水价往往显著低于潜在经济价值的这个量度。试图减小价格与价值差距的水资源定价改革是中国的一项政策重点，也是本报告第四章和第五章的一个主题。

这种直接市场评估不可避免地做出了强假设，是评价水资源价值的一种较狭隘方式。评估对水资源进入生产函数的方式（即水资源与资金和劳动力等其他投入结合的方式），以及水资源能够被这些其他因素取代的程度做出了假设。对于CGE模型而言，其他强假设包括均衡市场、没有过剩供应或需求。更根本地说，这些方法未能确定没有被市场经济"定价"的生态、社会文化或其他价值，需要其他方法来评价价值，如下文所述。

专栏3.1　澳大利亚、美国、智利和中国的水资源市场

水资源市场根据供需状况分配水资源，（原则上）会产生有经济效益的成果。各使用者相互协商（直接或通过媒介，例如交易平台）使用规定水资源份额或分配部分的权利。成功水资源市场的基本要求包括：(1) 总用水量有上限；(2) 有明确而安全的水权；(3) 有有效的市场监管；(4) 有关于市场状态的信息（即透明性）；(5) 保证监测和执行（包括水资源计量）；(6) 有水权和交易记录簿。水资源市场的突出例子包括澳大利亚、美国和智利的水资源市场。中国的水资源市场也在不断发展完善。

澳大利亚墨累–达令河流域的水资源市场是规模最大、最完善的同类市场之一。这个市场是通过改革逐渐发展的：1994年，全流域的法定水权与土地所有权分离并允许交易；1997年实行了水资源开采总量的上限，

确定了市场的边界，而且保证了稀缺性和价值（旨在避免体系发生过度分配）。临时性水资源（每个季节获得特定分配的权利）和永久性水资源（享有水资源总量一定份额的权利，也就是水权）都可以交易。这个市场让水资源流向价值最高的用途（例如园艺作物）而不是流向低价值的畜牧业，从而提高了水资源利用效率并降低了旱灾期间的经济损失。这个市场还允许政府以"回购"方式购买水资源用于环境，从而应对日益严重的环境问题。

美国采用混合水权制度，其历史可以追溯到19世纪。东部各州一般采用将水资源与河流沿岸土地关联的"河岸水权"，但西部的一些州采用将水资源与土地所有权分离的"专利水权"。在一些缺水地区建立了完善的水资源市场，例如亚利桑那州、加利福尼亚

州、科罗拉多州、新墨西哥州和得克萨斯州。加利福尼亚州水资源市场是最完善的市场之一。它运行的关键是对"丧失权利规则"进行了修改，以另类方式要求水权持有人"要么使用，要么放弃"。通过修改这个规则，节省下来的水资源可以交易，从而提供了效率激励手段。加利福尼亚州水权制度的一个重要特征是区分消耗性水权和非消耗性水权。只有消耗性水权是可以交易的，而非消耗性用水（回流）必须排放掉。如果某个市场允许上游使用者出售超出消耗部分的水资源（即出售水权的回流部分），那么就会减少下游使用者、环境和地下水补注的可用水资源量。

智利进一步放开市场，并于1981年建立了国家层面的正式水资源市场。 水权与土地所有权分离，被界定为可以购买和出售，也可以租赁和继承的私有财产。新水权和未分配水权通过拍卖出售。与美国一些地区不同，智利的水权在不使用的情况下不会丧失。但这个制度存在公平性问题，因为一些使用者获取了超出需求的水权，在一些情形下发生了跨流域垄断现象。因此智利政府从2005年开始征收不使用费，以阻止水权投机和垄断性持有。

中国首例水权交易于2000年在浙江省义乌市与东阳市之间进行。 从那时起进行了进一步试点，涉及宁夏回族自治区、内蒙古自治区、甘肃省、新疆维吾尔自治区和广东省。其中，宁夏回族自治区和内蒙古自治区的农业与工业之间的水权交易是最早的交易之一，从2003年开始延续至今。新建工业项目必须获得取水权，可以通过为农业部门节省的水资源付费来获得（例如通过减少水渠渗漏）。"节省下来的"水资源转移到新兴工业，从而实现巨大的价值。然而，另一个难题在于水资源的回流，可以通过增效措施减少回流。与这里介绍的其他实例一样，减少回流会减少下游使用者、生态流量和地下水补注的可用水资源量。

资料来源：国务院发展研究中心，2019年；水利部，2016年；黄河水利委员会，无日期；澳大利亚水资源伙伴组织和世界银行，2022年b；Endo等，2018年；Donoso，2013年；Hanemann和Young，2020年。

B. 间接市场评估

水资源与市场产出之间没有直接、可观察的关系时，需要进行间接市场评估。 间接方法通过关联市场来评价水资源价值，其中即使人们不直接使用或交易水资源，但人们的行为也表明了水资源价值。因此，这些方法能够确定非消耗性使用价值。

重置成本法是基于生态系统服务提供原则的一种间接市场评估方法[①]。它可以根据替代技术置换水资源的成本来估计水资源价值。例如，可以根据净水厂的成本对流域净化服务进行部分估计。显然，用净水厂置换湿地会失去水资源和环境相当大的价值——包括生物多样性或康乐价值，但至少能确定超过直接市场评估（无法识别滤水的生态系统服务）的价值。在中国和世界其他国家，生态系统服务得到越来越多的认可，而且在可持续经济增长中，自然资本（例如土壤、森林和水资源）被视为对有形资本和水资本的一种关键补充。

特定定价法根据水资源对房地产价格的影响来衡量水资源的价值。 在没有水资源康乐价值直接市场的情况下，房地产市场是一个"代理"市场。这种方法所基于的事实是，由于水资源的康乐和观赏价值，毗邻水资源地方的房地产往往价值更高。这种方法在统计上将毗邻水资源带来的房地产价值与房地产的其他特征（例如面积和治理）脱钩。同样，这种方法未能包含水资源的很多重要价值，因为购房者可能无法认识到这些价值（例如水生生物多样性），但这种方法确实填补了直接市场评估留下的重要空白。

旅行成本法根据付费游览的人数估计与水资源价值有关的休闲场所。这种方法所基于的假设是，人们对水资源的定价至少相当于游览时付出的成本（即下限）。尽管这种方法在国际上被广泛采用，但在中国运用较少。具体实例包括广州市白云山风景区的价值评估（Lin等，2015年）、杭州市西湖文化景观的价值评估（2011年列入联合国教科文组织《世界遗产名录》）（Zha和Qui，2015年）。这两个实例都表明水资源和自然景观会产生巨大的生活休闲效益，但这些效益在其他方面无法量化，而且未被认可。

---

① 生态系统服务是指健康、功能正常的自然环境为人类创造的效益，包括作物授粉、洁净空气、水灾和旱灾后的复原能力、提供净水、人类身心健康等服务。近年来，这个概念不断拓展，形成了"自然对人类贡献"这个更全面的概念，其中包括非工具性关系价值和文化价值（Kadykalo等，2019年；Pascual等，2017年）。

3.1.2
叙述性偏好方法

叙述性偏好方法确定了一些有形程度最低的价值类型：在市场行为中不留痕迹的非使用价值。这些价值包括存在价值（例如人们知道某个稀有生态系统完好无损时获得的满足感）或选择价值（人们知道自己未来可以从水资源中获益的价值）和遗赠价值（为子孙后代保存水资源的实效）。这些价值的特征是普遍缺乏可作为价值推测依据的可观察行为。叙述性偏好方法（例如或有估值法和选择实验法）通过问卷为部分人提供了一个精心构建的假设情景。受访者表示，如果他们愿意为水资源的属性（例如美感或生物多样性）付费，就能通过假设的加税或类似的支付工具获得一项新的服务，例如供水接入或避免污染（见专栏3.2）。虽然这些方法容易发生偏向（支付是假设的，因此受访者可能夸大了自己的支付意愿），但研究通过精心设计证明了通过这些方法所获价值的有效性。

在云南省丘北县，研究者采用叙述性偏好非市场价值评估方法，对改善普者黑湖水质的投资决策进行了指导。开展此项研究时，由于水处理基础设施不足，水质已经发生了退化，其中很大一部分水体的水质分类为III类或IV类。云南省政府通过投资建设人工湿地、在附近村庄收集并处理污水和固体废物及重新种植湖滨带植被来改善水质。

研究者采用或有价值评估方法对这些投资的效益进行了量化，其中向丘北县随机选择的参与者提出了一种假设情景。研究设计采用了多元有限离散选择法，其中反复询问参与者是否愿意为使湖泊水质改善一个等级的项目支付一定费用（但高于水费）。

丘北县的一个典型家庭愿意为这种改善每月支付30元人民币，共支付五年。较富裕的受访者愿意支付的金额较高，其中家庭收入每增加1%，支付意愿就会提升0.21%。对全国人口进行合计后，这项评估表明，总体效益会超过所需投资的成本，项目的社会收益率将达到18%。这项研究还证明了了解水质问题的重要性，其中基线知识水平较高的受访者愿意支付更多费用。这个项目——云南省城市环境建设项目——实施了多年，到2018年，项目区内已有47万多个家庭实现了污水管道接户。

资料来源：Wang等，2013年；Richardson等，2015；世界银行，2018年a。

3.1.3
价值的整合：综合评估

以上每一种价值评估方法都有各自的局限性，而且估计价值一般只有水资源实际价值的一部分。对农业灌溉、工业生产或家庭消费的经济价值（使用价值）进行量化的价值评估活动通常不考虑对利益相关方或环境的外部影响（无论是正面的还是负面的），一般需要采用多种方法。

考虑到即使运用其中一种价值评估方法也需要付出大量努力，因此借鉴其他研究的价值估计（效益转移）可以让评估更加切实可行，但有一些重要的注意事项。效益转移是指借鉴其他地区的已有非市场价值评估研究，将它们运用于关注地区，而不是进行新的实证研究。

考虑到原地区与关注地区之间的差异，必须考虑当地情境对转移的价值进行调整（往往需要构建一个效益函数、对多个已有研究进行拟合的回归，从而建立观察到的效益与地区特征之间的统计学关系）。虽然这类调整本身是有难度的，但在价值完全缺失的情况下，大致的效益转移价值有助于改善决策[1]（Richardson等，2015年）。

水资源的多重价值——按常用的货币指标衡量——可以在效益成本分析（BCA）中进行整合。 效益成本分析，在很多国家通常运用于几乎每一类政策和项目，最早是为水资源治理开发的。美国联邦水资源开发部运用这种方法对水利基础设施投资进行评估。效益成本分析结合了项目的投资成本、后续管理和维护成本、被排除活动的成本（机会成本），以及对社会和环境的后续负面或正面影响，这些要素是通过上文所述的评价方法确定的。效益成本分析对一致性表达的整套效益和成本进行比较，提供了一个明确的决策指标。

虽然大多数国家都采用了效益成本分析（水利部，1996年；Risako和Hope，2004年），但广泛效益成本分析，其中包含了本报告所述的水资源多元化价值，不太常用（Garrick等，2017年）。 尽管数十年来的非市场价值评估研究采用了上述方法，但对灌溉、水电和防洪项目的效益成本评估往往从较狭隘的角度来看待水资源价值，而且对非市场使用价值、非使用价值和分配问题的关注较为有限（即使有的话）。将水资源评估价值整合到决策框架中与其价值的最初识别和量化同样重要。

并非始终能够或者需要以货币形式对整合进行价值评价。 在这种情形下，可以采用多标准分析（MCA）等方法。多标准分析法是确定各项替代政策总体偏好的一种结构化方法，其中每项政策都具有以不可比方式衡量的特征。可按广泛的定性影响类别和标准对每种方案的特征进行评分、排序和加权（见专栏3.3）。可以结合经济成本和效益制定环境与社会指标。在每种方案指标和分值的选择过程中，往往需要一定程度的专家判断，从而有可能成为一种有效的参与式活动，其中对利益相关方的观点进行了调查。

越来越多的研究表明了对价值进行共同评价的重要性（Kenter等，2016年）。 上文所述方法中，一些方法从利益相关方直接收集信息，例如或有估值法和多标准分析法中的评分环节，但在大多数情形下，即使对各利益相关方进行了合计，这些方法仍只是确定个体价值的方法。

---

① 与很多种其他自然资源相比，水资源的效益转移较为困难，因为水资源价值的时空分布非常分散。考虑到各地区之间水资源短缺和需求程度的变化，再加上水资源运输较为困难，与常规产品和服务相比，水资源的价值变动更大（Young和Loomis，2014年）。从时间层面来看，稀缺价值随季节水资源量而波动。

在云南省西双版纳举行的泼水节是傣族庆祝傣历新年的一个传统节日。庆祝活动吸引了国内外游客，包括龙舟赛、假日集市、燃孔明灯、放爆竹和泼水祈福。作为一种与水有关的文化和社会活动，西双版纳泼水节吸引了大量公众参与。

研究者通过一项系统性专家分析对泼水节的文化和社会价值进行评价。他们采用了一个包含六种主要价值和一套辅助指标的衡量框架，从而系统性地考察不同的价值要素；并邀请了七位专家对每个指标进行评分。结果显示，精神价值被确定为最重要的价值，随后依次是艺术价值、历史价值、创造就业机会、教育价值和技术价值。最后，他们给泼水节打了一个总分。

资料来源：国务院发展研究中心。

新的研究表明需要考虑共同价值观，即公共产品共同观念的价值。这些价值是通过社会互动形成和表达的。换言之，人们与其他使用者组成的群体在讨论某个资源时，往往会对这个资源进行不同的定价。

集体评价法有助于识别人们可能认为难以单独表述的价值（例如与群体认同有关的价值）。它有助于引出其他群体价值（即人们对他人的关注），从而认识到在不与他人进行讨论和协商的情况下，某些价值无法进行交易（例如其他种类的内在价值或者与认同有关的资源权）。

这种方法与将利益相关方视为个体（即独立考察他们）、更有可能确定个体价值的价值评估方法形成了对比。集体评价法也有助于使评价过程更加可靠而合法。这不必局限于某个研究过程——水资源的评价可以作为持续适应性政策制定的一部分进行，从而有助于围绕所做出的决策达成共识（见专栏3.4）。

专栏3.4　利益相关方参与的价值评估和管理工具：

以科罗拉多河流域为例

价值评估和管理工具有助于在利益相关方之间增进理解并达成共识，使政治上有争论的稀缺资源分配决策更容易被接受。例如，在科罗拉多河流域，美国垦务局建立了一个水资源模型，以指导流域内河坝和水库的运营以及各州之间过剩水资源的分配。美国垦务局与流域利益相关方共享了这个模型，让他们处理自己的分配决策情境，以更好地了解替代政策方案创造的经济价值。这个模型为流域利益相关方面临的共同挑战以及不同选择涉及的取舍提供了一个通用框架。随着利益相关方熟悉程度的提高，这个模型从一个狭隘的技术工具发展成一个在争议空间内进行河流治理的观点探索、共享和检验平台。

资料来源：Wheeler等（2019年），作者改编。

在地区层面上，可以通过全流域模型构建对价值进行整合，以利于规划或者促进跨边界合作。 综合评估模型证明了流域内基础设施投资之间的相互依赖性、水文变化对这些资产的影响以及更广义上流域层面水资源治理的价值。这种模型可以指导流域背景下基础设施的运营，从而有助于优化流域级效益，同时提供了了解替代情境下成果的手段。协同采用这种模型，可以为跨地区协商和达成一致意见提供一个共同的认知基础，从而突出了各类价值或不同部门（例如水电、农业和工业）之间的取舍和协同效应（见专栏3.5）。不同水资源治理情境下的可能成果的信息可以促进各地区成本分摊和行动协调，否则各地区可能以相互竞争的方式采取行动。

水文经济模型（HEM）是综合评估模型的一个子集，以整合方式呈现了空间分布的水资源体系、基础设施和管理方案以及经济价值。 水文经济模型将流域经济行为模型与水文模型相结合。在这类模型中，水资源分配和管理决策是由水资源经济价值和水文条件推动的，可以说明模型中行动要素的不确定性（例如气候变化预测）[①]和不同目标。通常运用水文经济模型来研究相互关联的部门（例如水力发电、灌溉和渔业）在各种合理的水文情境下基础设施渐进式变化的价值（建设、拆除或其他运营方式）。

[①]　已有工具可以在高度不确定情形下为决策者提供帮助。历史趋势不一定始终能够预测未来情形，尤其是在像中国这样社会或环境发生重大变化的情形下。水文经济模型可以预测区间不确定性，但不能对样本分布做出基于概率的承诺。不确定性意味着各种成果出现的概率是未知且无法估计的，因此需要一定程度的主观判断。这类不确定情形下需要的适应性政策类型将在第四章阐述。

可以对这些模型进行完善，从而将合作行为与非合作行为进行比较，以揭示与公共池塘资源有关的效益。系统方法可以更准确地将公共池塘资源的相互依赖性纳入政策制定过程中。经济学家很早就认识到，跨界流域具有很多非合作博弈的共同特征，而且很快运用博弈理论方法为共享水资源的国家行动者的行为建立了模型（Rogers，1969 年；Dufournaud，1982 年）。博弈理论家没有针对单个决策者运用多个目标，而是询问了多个决策者实现的成果——分别有可能通过不同目标或者至少是多个目标的不同权重所激励——与高效选择的对比情况。鉴于中国管理职责跨地区分布而且下一代投资面临挑战，这一点显得尤其重要。

专栏3.5 赞比西河流域通过跨地区投资规划增强效益

赞比西河流域拥有非洲最多元化、最有价值的一些水资源。这里的水资源对于可持续经济增长和减贫至关重要，而改善治理及合作发展有可能显著提高农业产量、水力发电量并增加经济机会。

为了研究赞比西河流域沿岸国家之间的合作效益，研究者进行了一项跨部门投资机会分析。从国家和全流域的角度，对水资源开发和治理方案进行了评价，以便确定实现互惠性经济效益，同时满足保证环境可持续性所需的基本供水和水资源需求的可能性。这项研究在投资机会、融资、效益分配和风险分担方面为决策者提供了指导。这项分析深入透视了联合和/或合作开发的可行性方案，并协助赞比西河水道委员会、南部非洲发展共同体和各沿岸国家制定了流域级战略规划。

分析结果表明了跨边界和跨部门的取舍及协同效应。相关情形表明，如果所确定的国家级灌溉项目全部实施，那么灌溉面积将增加约184%（包括某些地区双季种植），但会使可靠水力发电量减少21%并使平均发电量减少9%。即使在粮食安全和自给自足方面存在一些复杂因素，但合作开发，例如将约30000公顷规划的灌溉基础设施转移到下游，可以使可靠水力发电量增加2%，产生的净现值为1.4亿美元。同样，与非协调（单边）运营相比，地区发电规划中预期的水电项目协调运营可以使可靠水力发电量增加23%。这个增长足以抵消引入生态流量后预计每年总可靠水力发电量9%的减少。此外，通过提高经济韧性，以及降低水灾发生率、（每年平均可以避免10亿美元以上的损失）、降低地区运输成本、缩短旅行时间、对重要生态系统（例如赞比西河三角洲）进行环境修复和引入环境流量改善渔业生产带来的增长效益，预计可以实现其他效益。

资料来源：世界银行，2010年a。

3.2

评价基础：可靠而丰富的数据

充分而可靠的数据是本章所述各种评价方法的基础。 可用水资源量、变化模式和水质的数据以及各种社会经济指标，对于评价各种社会经济情境下和气候不确定性背景下水资源的多重价值至关重要。这些数据是上文所述评价方法的构成要素，对于流域级综合方法而言（例如水文经济模型）尤其重要。在中国的情境下，缺乏广泛可用的数据往往会给这些评价工具的运用造成障碍。而且，随着政府官员实现环境绩效改善的压力与日俱增，针对非严格准确数据报告的激励措施越来越多，正如生态和环境保护监督检查所表明的那样（Qi，2019年）。提高数据质量和透明度、提高公众知情和参与程度对于问责和完善的政策决策是必需的。

虽然中国在数据质量和数量获取方面取得了显著进步，但仍然面临各种挑战。 2018年，生态环境部建立了国家地表水水质实时自动监测平台，披露全国2000多个监测站的实时水质监测数据。然而，对于占大多数的非自动监测站而言，数据仍然难以获取，而且往往以纸质文件的形式或通过独立网站公布。

设在北京的非政府环境组织公众环境研究中心提出了这个问题的一种解决方案，即借助人工智能从不同的网上资料来源收集数据并进行整合，从而便于公众获取。不过，这样做仍然存在一些难题，包括机构任务分工引起的难题：水资源和环境部门往往设立了不同的水量和水质监测站，导致各部门之间数据共享延迟或受到限制。

有机会改善数据质量、获取和透明度，包括采用新技术。 采用遥测监测系统以及加大对水量和水质自动传感器的投资，可以提高监测的覆盖面和监测数据的可靠性。世界银行资助的新疆吐鲁番坎儿井保护及节水灌溉项目（世界银行，2010年b）顺利采用了先进的遥测技术，根据用水量来改善水资源治理和分配。其他新技术（例如区块链）也可以提高数据透明度和真实性，其中在水权交易中越来越多地采用基于区块链的智慧型合同（水质和水量）。世界银行2030水资源小组在印度马哈拉施特拉邦对这个机制进行了试点（Damania等，2019年），可以在中国水权交易市场中采用这个机制。

3.3

价值评估：建议

评价是实现水资源多元化价值的一个关键步骤。它有助于各种价值要素量化和有形化，从而指导政策决策及其取舍，并衡量所取得的进展。评价方法可以在事前、政策或项目规划期间或事后运用，以指导政策调整并改善未来决策。可以在技术能力、数据及核算以及政策周期内各种方法的运用方面采取进一步水资源价值评估的措施（见专栏3.6）。

可靠的水资源计量、模型构建及核算是评估水资源多元化价值的必要基础。支持评估的数据包括水量和水质、经济和生态成果以及舆论。由于水资源时空分布差异，水资源评价有很大的数据需求，因此需要进行反复的地方性评估，而不是根据其他地方的结果进行粗略估算。在可能的情形下，收集生态系统记录和指标中的自然资源数据有助于评价主流化和标准化。

应当对评价过程进行扩展和完善，从而纳入多元化价值和方法。正如本章通篇所述，没有哪一种方法能够涵盖水资源的所有价值，需要采取多元化方法来考察生态、文化、经济和社会领域的货币和非货币价值。寻求利益相关方意见的参与式和集体性方法有助于实现这种多元性。

评价方法可以在从初期概念形成到实施的整个政策周期内运用。虽然本章所述的很多方法是针对上游研究和政策设计的，但评价在政策制定的所有阶段都具有相关性，能够确定政策和项目对多元化价值的影响，以及受影响人不断变化的意识和态度。

专栏3.6 水资源价值的评价建议

衡量和模型构建

- 在显示性和叙述性偏好非市场价值评估、自然资本核算及利益相关方协商中加强能力。进行价值评估的技术能力不一定存在于每个实施机构内部（尤其是在地方政府层面）；然而，需要具备委托第三方进行评价并对评价结果进行解释、整合和利用的能力，而且需要广泛了解评价的目的和作用。

- 建立可公开访问的综合性国家水资源信息共享平台。这个平台整合了河湖长制提供的信息，而且在整体和分散时空层面对主要流域进行了描述。在其他形态的数据当中，这些数据可能包括生态水资源分配数据和分配标准。

- 将自然资源纳入传统国民经济核算中。水资源具有促进经济发展的多重生态系统服务价值。可将对自然资源实体和货币价值的评估进一步纳入国民经济核算体系，包括对生态系统生产总值的例行公布。

- 设计一套标准的气候和社会经济情境，可以通过缩减和调整规模在效益成本分析中运用。这些情境可以用于评估水资源项目的价值和标准情境下投资的适当性，其中涵盖了气候、经济发展及其他不确定因素。

多元化方法的采用

- 针对每个评价目标，将定量和定性、货币和非货币方法相结合。方法选择应当以确定的主要价值为依据（请参见第二章）。

- 扩大参与性方法的使用范围。其中包括利益相关方价值调查、参与式绘图（参与者在咨询活动中在地图上指认水资源价值较高的区域）、叙述性偏好价值评估活动以及共同价值诱导（通过小组座谈会，其中采用商议过程来揭示与水资源有关的群体偏好）。

- 推动第三方评价。鼓励独立第三方中介机构参与评价工作。这有助于提高评价的独立性和客观性，而且可以向研究人员和机构提供项目和政策数据来推动第三方评价。

整个政策周期内的评价

- 在项目和政策的事前评价中考虑全部货币和非货币成本和效益，而且扩大通常纳入效益成本分析的价值范围。应当考虑经济、环境和社会指标。在规划多个项目时，应当考虑累积性影响评估的必要性和适当范围。

- 使宽泛规划的事后项目和政策评价成为政策制定过程的一个常规部分。对过往干预措施（项目和政策）进行评价，其中以适当的规模和时间范围纳入货币和非货币成本和效益。评价方法应当允许将影响归属于干预措施。

- 将评价结果系统性地纳入政策制定过程。新项目和规划应当表明在设计中纳入了试点项目评价结果。应当对试点活动进行调整，以便在复制或推广时反映评价结果和相关动态。

资料来源：作者编撰。

第四章 |
水资源价值的实现

▎目标

本章介绍了实现水资源的多重、多元化价值工具和方法，即在经济、环境和社会文化用途之间优化水资源的使用，以及保护水资源的内在价值。本章介绍了迄今为止一些重要工具和方法的使用经验，而且提出了在中国和世界其他国家和地区进一步使用的建议。

▎要点

• 为了保证水资源价值在实践中得以实现，需要改变政策制定方法和政策本身。由于快速变化的社会、环境和经济状况以及各地区之间的巨大差异，需要采取基于原则的参与式、灵活、面向未来的方法。

• 有一系列工具和方法可以用来实现水资源价值，其中包括机构、激励措施（包括价格）、基础设施和信息。

• 水资源的管理离不开机构，可以直接委托它们保护水资源的环境、文化和经济价值。

• 迄今为止，基础设施在中国水资源治理中发挥了核心作用。越来越有必要提高其运营效率、保证成本可持续性并在战略上弥补覆盖面和能力上的剩余差距。

• 激励措施（包括价格）对于提高效率至关重要。尽管过去十年内针对定价难题进行了改革，但按国际标准衡量，中国的水价总体较低，从而降低了效率且阻碍成本收回。

• 信息、教育和传播可以加深公众对水资源价值的认识，让取舍的结果更容易被接受而且可以鼓励节水行为，因此有极大的可能完善水资源政策。

基本方法

为了保证水资源价值在实践中得以实现，需要改变政策制定方法和政策本身。前文提出的建议为决策者提供了识别和评估水资源社会、文化、经济和生态价值的手段。应当以基于原则的参与式、差异化、面向未来的方式，将这些认识纳入涵盖水循环所有阶段的政策中（联合国水机制，2021年）。

阐明政策制定方式有助于保证一段时间内的政策和成果始终对水资源的多重、多元化价值保持敏感。虽然在价值敏感型水资源政策的制定过程中，上述特征并不是有益于政策制定的唯一特征，但应该被包含在更为先进的政策制定过程中。本节依次阐述了这些特征。

4.1.1 | 价值实现的基础

应当通过一套核心价值来指导实现水资源价值的基本政策路径。也就是说，政策应当：（1）与社会价值保持一致，包括采用第二章所述方法识别的非货币价值；（2）有效，即能够达成明确阐述的目标；（3）高效，即能够在达成目标的同时尽可能降低成本；（4）公平，尤其关注对弱势群体及其负担能力的影响。阐明这些原则有助于将注意力集中在能够满足社会价值观和期望的水资源政策目标上。

4.1.2 | 利益相关方参与

利益相关方参与是实现价值不可或缺的要素，有助于赢得广泛的政策支持。参与意味着提供一个价值、重点和复杂取舍事项的沟通平台。通过参与基于规则、公平、透明的决策过程，利益相关方更有可能接受这个过程的成果，即使决策需要他们承担成本。利益相关方参与为水资源使用者提供了主张与其有关的水资源价值的机会，也让决策者能够传达水资源各种用途和使用者之间的复杂但必要的取舍。

参与机制还有助于保证政策能够响应一段时间内价值的转变。如第二章所述，其中包括越来越富裕人群的愿望，一旦基本需求得到满足，这些愿望可能会使相对重点，转向休闲、康乐和生态价值。对保持历史、文化和精神价值的需求也可能会增加。虽然这些价值很可能是永久性的——尤其是在中国，数个世纪以来，水资源的文化意义已经得到认可，但随着基本需求的满足，这些价值日益成为重点。

利益相关方协同参与水资源治理的实例遍布全世界。突出的例子包括美国科罗拉多河流域（见第三章专栏3.4），这里建立了一个水资源模型并与利益相关方共享——他们可以采用自己的分配做法，了解共同面临的挑战、表达偏好而且更好地理解由此做出的决策。其他例子包括澳大利亚墨累-达令河流域，这里的水资源改革备受争议（见专栏4.3）。从这些例子获得的主要经验教训包括需要对利益相关方就过程和成果的期望进行管理，而且表明怎样在决策中使用信息。

4.1.3 | 灵活而差异化的政策制定

必须在一致的全流域框架内考虑当地社会经济状况的巨大差异，继而做出政策响应。一个流域内也可能存在状况的巨大差异。适合于高度发达下游地区的政策未必适用于经济发展程度较低、环境状况较为原始的上游地区。与此同时，必须保证连贯性和一致性，从而保证跨地区外部性在各地区之间充分内化。欧盟《水框架指令》（WFD）是水环境政策在一个一致性框架内保证地方灵活性的实例（见专栏4.1）。在中国，差异化政策可能涉及不同资金来源，而且欠发达地区更加依赖中央政府的转移支付；不同完善程度的市场机制和严格的监测机制；以及上游生态保护到下游退化生态修复的重点调整（见图4.1）。

	发展程度较低	发展程度中等	发展程度较高
中央层面	中央政府对国家级以下层面的财政转移支付	框架和指南	框架和指南
流域层面	下游对上游的生态系统支付针对性监测	加强监测机制	加强监测机制
省级层面	保护生态系统的规划和项目	防止生态系统退化的规划和大规模项目	修复生态系统的规划和大规模项目
地方层面	保护生态系统的项目	防止生态系统退化的项目	修复生态系统的项目

图 4.1   各行政层级和发展水平之间的政策差异

资料来源：作者绘制。

专栏4.1 欧盟《水框架指令》(WFD)：政策实施的灵活性和差异化

2000年欧盟颁布实施的《水框架指令》(*The EU Water Framework Directive*)**为27个欧盟成员国的全部11万个水体设定了达成"良好状况"的目标。**地表水"良好状况"有两个要素——生态和化学。良好生态状况是指水体的生物群落质量、水文特征和化学特征。《水框架指令》承认，无法设定适用于整个欧盟的绝对生物质量标准，因为存在生态差异，因此目标确定为使生物群落受到极小的人为影响。为此提出了针对特定水体的一套程序，以及保证每个成员国能以一致方式解释这些程序的制度。良好化学状况是从标准监管角度来定义的，是指符合欧盟层面所有现行的化学物质质量标准。《水框架指令》还提供了更新这些标准并制定新标准的机制，从而在整个欧盟境内保证至少达到最低环境水质要求。

虽然《水框架指令》设定了"良好状况"的单一共同目标，但就成员国为了达到这个目标必须采取的措施而言，它特意没有做出硬性规定。相反，《水框架指令》规定了各成员国政府为了建立一套适当且低成本的措施而应当采用的治理架构和过程。《水框架指令》要求成员国针对每个流域区域制定流域治理规划，包括跨国界流域区域，而且每六年更新一次这项规划。欧盟委员会最近对《水框架指令》的审查认为，《水框架指令》保持灵活性是让成员国采用并实施最节省成本的措施所必需的，但发现同时带来了更大的复杂性，从而在有效执行中带来了挑战（欧盟委员会环境部，2020年）。

资料来源：作者编撰。

4.1.4
面向未来的政策制定

需要"面向未来"的政策制定过程，以适应社会经济和环境状况的变化节奏、社会价值观的转变以及普遍存在的不确定性。目标是建立一种政策制定方式，可以预测新挑战而不是被动作出反应。这在概念上很简单，但在实践中很困难；不过，已经建立了对决策进行经常性、系统性更新的适应性政策制定方式。这些方式将政策制定构想为一个连续回路，其中水资源治理决策源于最新的愿景和一套价值，而且最终会给予后者反馈（见图4.2）。

面向未来政策制定的实用工具包括稳健决策（RDM）、基于情境的规划和适应路径。稳健决策方需要确定能在很多合理未来情境下达成满意成果的决策（Hall等，2012年）。稳健决策在美国西部的长期水资源治理（Groves和Lempert，2010年）和英国水灾风险应对（Hine和Hall，2010年）中得到运用。基于情境的规划采用水文气候和社会经济情境来指导投资及其他政策决策。适应路径试图确定政策不恰当之处（Kwadijk等，2010年），而且在荷兰三角洲规划（Walker、Haasnoot和Kwakkel，2013年）以及水灾和旱灾规划（Swanson等，2010年）中得到运用。

图 4.2 连续水资源政策制定方法的概念性示例

资料来源：Aither，2018 年。

面向未来的政策更加重视保护生态系统以及不可替代的文化和社会价值。中国和国际经验表明，与退化后修复相比，保护环境质量的成本较低，而且退化后往往无法通过修复达到相同的质量。随着中国的社会经济持续发展、提高环境质量的愿望日益强烈（如第一章所述）以及再度重视文化价值的期望，政策制定过程需要考虑这些价值趋势。

这四个特征——基于价值、参与式、差异化和面向未来，为改善水资源政策制定过程奠定了基础。这种政策制定方式的建立有助于保证一段时间内政策和成果始终对水资源的多重、多元化价值保持敏感，而不是依赖任何一项政策干预措施。在实践中，各国发现这需要采取相关行动，包括系统性地强化协商要求，要求在作出决策前完成某些类型的分析，或者要求对政策进行系统性的定期审查（见专栏4.2）。当然，这些特征并非改善水资源政策制定过程的仅有特征，但它们在全球适应性、包容性水资源政策制定过程中十分常见。

专栏4.2 关于改进水资源政策制定方法的建议

- **在政策制定过程中明确阐述水资源的多重、多元化价值。**政策制定过程应当以与社会价值观一致的原则，以及效率、公平和效果的一般原则作为指导。阐明这些原则有助于将注意力集中在能够满足社会价值观和期望的水资源政策目标上。

- **加强协商和公众参与。**这些要求可能同时适用于政策制定和审查过程。应当给予社区反馈，让他们知道他们的建议是如何纳入决策的。

- **在一致的全流域框架内建立水资源政策框架，并将当地社会经济状况的巨大差异考虑进去。**地区或国家框架内的地方灵活性是中国公共政策的一项优势，正如以土地治理为目的的大规模生态补偿项目所体现的那样。在水资源治理中，需要构建流域级模型并制定政策，需要在实施中考虑地方差异，但必须有助于满足全流域需求。

- **系统性地运用适应性、"面向未来"的政策制定方式，从而适应社会和环境的快速变化。**其中包括标准化地运用稳健决策、基于情境的规划和适应路径等工具，并开展临界点分析。

4.2.1
动态价值情境下的适应性机制

要实现水资源的多重、多元化价值，从根本上要求相关机构能够认可并响应这些价值。中国在加强水资源治理机构方面取得了一定的进展，包括2018年大规模部委改革。机构的进一步完善有助于清晰地界定职责并缩小差距。其中一个重点是在负责水质、水量、服务提供和环境保护的政府机构之间建立协调机制，从而保证各流域间行动的协调一致，包括数据共享。广义地说，各机构必须随着中国从以新基础设施建设为重点到现有基础设施优化、节水措施和污染防治的逐渐过渡，对自身能力进行调整。

更广义地说，机构发展应当建立长期愿景，根据预想的未来需求来指导能力建设。国际经验表明，在管理分配过程或者保护日益受到威胁的环境和文化价值的机构建立前，水资源就已完全分配给了各种经济用途。因此，机构发展可以是被动的（为了使流域分配过程井然有序并修复受损的环境和文化价值），也可以是主动的（先于需求增长开发工具并做好准备，从而对多重、多元化价值进行管理）（见图4.3）。

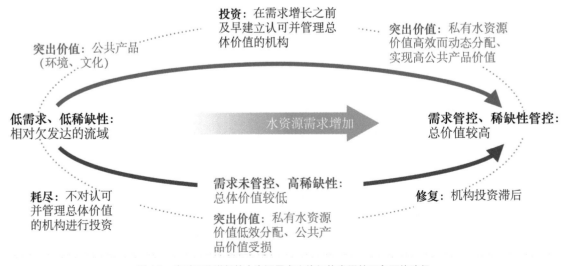

图 4.3　应对日益增长的水资源需求实施机构发展的两条可能路径

资料来源：作者绘制。

4.2.2
实现环境价值的机制

国际经验给出了实现并依法保护环境价值的实例。比如美国的《自然与景观河流法》（WSRA）。《自然与景观河流法》于1968年确定了第一个受国家保护的河流体系，而且开始了不断增加受保护河流的过程。这个体系目前涵盖了具有多元化价值的208条主要河流，总长度约为20920千米。虽然原生态和景观河流越来越稀少，但它们的很大一部分环境价值未能在市场中得到体现，而且仍然未能确定。可以通过法律要求（例如《自然与景观河流法》）考虑并认可环境价值，从而逆转这个趋势（Bowker和Bergstrom，2017年）。

可以通过独立且具有法定生态水资源分配职责的机构来保障环境价值。生态水资源分配数量一般是根据将流动状态与生物物理属性挂钩的指标来确定的。这些指标可以用于确定基线并表明引水导致的流动状态变化是怎样影响生态状况的，从而指导确定可持续引水限额。一般而言，引水限额评估是在流域内单个集水区层面进行的（反映了当地生态价值），但也是在全流域框架内进行的（如第4.1节所述）。澳大利亚设立了一个专门机构负责保障生态分配，即联邦环境水权持有机构（见专栏4.3）。中国也开始针对生态流量制定规则并建立机构，其中生态流量的定义从静态最小流量转变为更具动态的流量要素。然而，

标准一般仅限于基于10%最小流量和专家判断的简单水文指标（Chen和Wu，2019年）。有必要对这个体系进行改善并转向基于生态的动态标准，从而更全面地保护生态价值。

专栏4.3　澳大利亚墨累-达令河流域环境价值的实现

澳大利亚墨累-达令河流域支撑着多种多样的水生、河岸及陆生生态系统。这里是很多国际和澳大利亚重要物种的栖息地，拥有列入《国际重要湿地公约》的16个湿地。流域的这些环境价值与经济发展发生了冲突。墨累-达令河流域是澳大利亚最重要的农业区之一，土地清理、灌溉基础设施以及用于蓄水和水力发电的河坝改变了地下水位，导致了盐碱化。到1980年，流域南部包含全世界改造工程量最大的河流当中的一些河流；虽然早在1968年就在流域的一部分引入了引水限额，但该地区的环境价值显著下降，表现为流量较低、1981年墨累河口最终关闭、有毒藻华以及20世纪80年代和90年代初鱼类大量死亡。

为了应对生态破坏和公共价值的转变，环境用水成为一个高优先级的政策重点，澳大利亚政府对相关机构进行了相应的调整。1995年引入了全流域引水量上限。2000年，使土地权与水权分离的法律层面的改革实现了水资源市场的深化运营。《2007年水资源法》建立了全流域治理模式，并设立了联邦环境水权持有机构——一个独立政府机构，负责对国家政府代表环境持有的水权进行管理。

环境水权持有是指用于实现公共环境价值的可交易水权。这些水权是相关州级政府授予的，而联邦环境用水按照与其他水权相同的交易和储备规则进行管理，而且收取同样的费用。联邦环境水权持有机构持有的水权用于满足所确定的环境需求，包括通过储备满足多年的需求。环境水权占流域可用水资源总量的较小部分（见图4.4），但在实现和保护水资源的环境价值中发挥着关键作用。还有大量环境用水由州级政府通过水资源规划中的规则进行管理。

随着墨累-达令河流域管理局（2008年）和流域规划（2012年）的确立，进一步保护环境价值正式制度化。通过长期环境供水规划，而且凭借专门预算分配和监测机制的支持，环境价值被进一步纳入更广泛的水资源规划中。根据《2007年水资源法》的规定，2019年对流域规划和水资源规划的实施效果进行了首次评估。

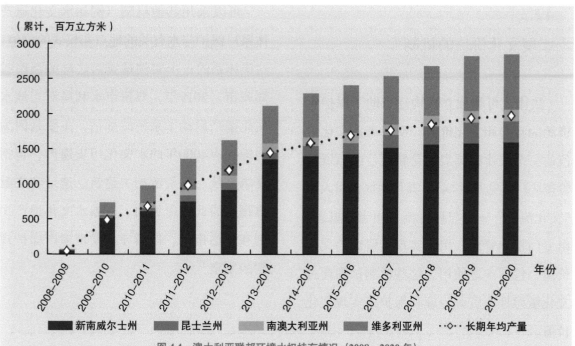

（累计，百万立方米）

图 4.4　澳大利亚联邦环境水权持有情况（2008—2020 年）

注：水权持有（登记水权）与长期年均产量之间存在差值是因为水权是根据每年的可用水资源总量分配的。因此，水权产量作为水权的一个部分发生变化。这是高变化性体系中水权定义的一个重要特征。

资料来源：澳大利亚联邦环境水务局，2021 年。

这些变革争议不断，其中农业水资源使用者经常表达对环境用水的反感。虽然这些争议并不罕见，但凸显了水资源是如何成为社会和政治判断问题的。尽管面临这些挑战，但过去 10 年内，澳大利亚成功地将约五分之一的消耗性流量转移到环境用途，将环境确定为一个合法的水资源使用者，而且建立了强大的机构来管理环境用水。由于流域一部分的生态健康仍然不佳，而且气候变化预计会加剧这种状况，需要采取进一步措施。

资料来源：澳大利亚水资源伙伴组织和世界银行，2022年c。

4.2.3
实现文化价值的机制

法律认可和独立机构还有助于保护水资源的社会和文化价值。明确考虑文化价值的一个法律机制实例是新西兰的《资源管理法》（见专栏4.4)。其他地区也引入了"文化流量"——与环境流量相当的概念，由专门机构管理，用于实现水资源的文化价值，包括本地使用。这些机制试图通过文化敏感性水资源治理和保护来实现文化价值。

可以采用其他机制（例如水文化遗产体系）保护与水有关的地点和仪式的价值。这类体系的一个实例是黄河之畔的河南省郑州市。2019年，郑州市水利局对当地水文化遗产启动了系统性评估，主要是因为当地拥有4000年的水文化历史遗产，包括灌溉系统、水资源相关建筑、遗址和文献典籍。为此政府编制了一本水文化遗产识别和评估指南，以指导新发现遗产保护规则的制定①。

专栏4.4 保障新西兰水资源的文化意义

水资源对于新西兰的毛利人而言有重大的文化意义。在他们的思想体系中，水资源是所有生命的精华，就像供养着所有人类、植物和野生动物的大地母亲的血液一样。毛利人根据河流判断自己的部落认同，而且特定河流在部落形成过程中有一定的作用。河流被视为维系生命的自然资源、耐火石和文化物品的来源，还被视为通道和交通方式，而邻近重要圣地、定居点及其他遗址的河流被认为更加重要。部落的福祉与领地内的水资源状况息息相关。河系健康度指标（例如河水未受污染、聚集觅食的物种、从山间水源到海洋的流动连续性）可以成为生命精华的有形象征。

毛利人及其文化和传统与他们的宗地、水资源、遗址、圣地及其他财富之间的关系，在1991年颁布的新西兰《资源管理法》中得到了法律上的承认。这就要求按照以下方式对水资源进行管理：

- 认可并规定"毛利人及其文化和传统与他们的宗地、水资源、遗址、圣地及其他财富之间的关系"【第6条（e）款】以及"对受保护习惯权利进行保护"【第6条（g）款】。

- 考虑"监护权"【第7条（a）款】。

- 体现《怀唐伊条约》的原则【第8条】，包括伙伴关系和积极保护原则。

资料来源：新西兰节能管理局，2011年；Jacobson等，2016年。

---

① 郑州市政府颁布的《关于加强水文化遗产保护传承工作的意见》。

4.2.4

协调合作机制

协调合作机制可以实现巨大的价值。 实现水资源价值要求以有意义的规模采取集体行动——一般是在流域层面，但也包括子流域和地方层面。然而，流域和子流域往往跨越多个行政区划，从而在水资源开采和污染物排放方面造成潜在的"公地悲剧"。只有合作机制才能取得流域层面的良好结果，可以保证涉及水量、水质和服务提供的机构朝共同目标努力并共享信息。

中国近年来的机构改革推动了协调及合作机制的改善。 例如，2020年通过的《长江保护法》为中国特定流域的协调提供了法律依据，而且最终有可能推广到其他主要流域。它是中国第一部针对特定流域的法律，规定了国家机构和各省份的具体义务，界定了相关职责，要求建立跨地区信息共享系统以及知识交流和决策平台。2016年开始在全国实施的河长制是跨地区

机构合作的另一个实例：这个制度基于各地官员组成的网络，他们分别负责特定河段，但通过国家级以下和国家级论坛与数据共享平台进行协调，从而形成对流域的统一观点（见第一章专栏1.3）。2018年部委改革和成立新的部委也是重要的步骤，政府对互补性的水资源治理职责进行了整合。

价值共享的国际实例存在于跨界协议和水资源共享管理机构中。 例如，莱索托高地水利项目通过莱索托与南非之间的一项条约进行管理，两国都可以从莱索托高地水资源的经济价值中获益（见专栏4.5）。可以通过共享流域模型构建活动了解这一价值的实现机制。这一点体现在澜沧江-湄公河流域水文经济综合优化模型中（见专栏4.6）。这个模型旨在达成跨国界联合投资及协调运营，从而让多个国家实现价值。对联合机构进行投资（包括数据共享、模型构建和知识交流），从而形成关于价值间取舍的共同愿景、信任和理解，对于取得合作成果非常重要。

专栏4.5　通过莱索托高地水利项目（LHWP）的联合开发
尽可能降低成本并最大限度地提高价值

莱索托高地水利项目是全世界最宏大、最具创新性的水资源转移项目之一。依照1986年10月莱索托王国与南非共和国签署的条约，在该项目中，莱索托可以利用本国山区的优质水资源，为保障南非豪登省1200多万人的供水提供成本最低的解决方案，而这个省的生产总值占南非国内生产总值的40%以上。

条约设计了四个开发阶段，最终将实现对南非每秒70立方米的水资源供应，同时在莱索托境内进行水电开发。水资源在奥兰治河流域内通过一系列河坝、输水通道及相关基础设施进行转移，通过水电开发向莱索托供应电力。

莱索托高地水利项目与奥兰治河-瓦尔河转移方案（OVTS，南非境内成本第二低的方案）节省下来的成本将由莱索托（56%）与南非（44%）共享，其中南非通过低成本实现节省，而莱索托通过水资源使用费、相关辅助效益和水电开发获益（见图4.5）。水资源使用费依照条约和使用费手册规定的程序计算。效益分享让莱索托实现了水资源价值，而且能够将收益用于减贫和稳定经济。

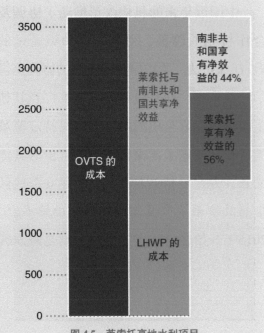

图4.5　莱索托高地水利项目

注：OVTS：奥兰治河-瓦尔河转移方案；LHWP：莱索托高地水利项目。

资料来源：作者编撰。

专栏4.6 提高澜沧江–湄公河流域水资源开发的价值

澜沧江–湄公河是东南亚最大的跨界河流。澜沧江–湄公河流域（LMRB）面积为810000平方千米，横跨中国、缅甸、老挝、泰国、柬埔寨和越南。流域内的水道为7000多万人提供服务，而且维持着全世界最多样化、生产力最高的生态系统当中的一部分。干流和支流拥有每年235000千兆瓦小时的水力发电潜能，因此该地区成为全世界最活跃的水电开发地区之一（湄公河委员会，2019年；Williams，2019年）。在湄公河流域下游，渔业（包括水产养殖）成为最大的经济部门，紧随其后的是以水稻和玉米为主的低地农业（湄公河委员会，2019年）。

对复杂的取舍进行平衡需要了解水资源在流域内的各种价值以及这些价值相互影响的方式。采用澜沧江–湄公河流域水文经济综合优化模型有助于量化和表达不同运营规则对水力发电、灌溉作物耕种和渔业产量的影响。这种多目标模型可以对各种流动状态和水资源使用情境进行模拟，从而实现最佳价值。

模型构建表明，优化水库运营可以使灌溉作物产量增加49%，使水力发电量增加1%。在旱灾期间，水库最多可以减少30%的作物损失。水库将在灌溉需求较高的月份（4月和12月）释放更多水资源，从而优先保证灌溉需求而不是水力发电需求。通过环境友好型管理，预计可以使渔业产量最多增加75%。然而，这样做会给灌溉（–48%）和水力发电（–17%）造成巨大的取舍损失。泄洪用于环境用途会给这些部门带来不确定因素，表明在这个情境下环境与经济价值实现之间存在取舍。

合作及协调开发可以显著增加水资源所提供服务的总价值。数据共享可以改善运营，从而维持跨部门协同效应并增强经济发展成果。明确阐述提高效益以及在利益相关方之间分配效益的机会，可以提高政策制定和实施的效率。水文经济及其他模型的透明化有助于推动切合实际的知情决策，同时扩大各国和各部门之间的对话，从而让公众参与决策过程。让私营部门参与并考察与联合运营有关的风险分担有助于控制潜在风险、推动交易，优化流域内的水力发电及其他用途。

资料来源：作者编撰。

专栏4.7　实现水资源价值的建议：机制

- **建立能够预见流域未来发展的机制，以应对挑战。**国际经验表明，在社会经济状况快速变化的背景下，水资源利用往往会超出机构管理能力。所建立的机构应当具备相关工具并做好准备，先于需求增长对多重、多元化价值进行管理。

- **建立健全协调机制。**实施内容包括依照国家规划和法律（例如《长江保护法》）的要求，建立论坛、数据共享机制、方案和准则，以及对法规进行跨界协调。这些事项正在进行，但需要进一步协商和投资。

- **加强流域机构在执行协调职能中的作用。**流域委员会一般发挥建言的作用，可以通过制度机制对其进行强化，使省级政府和部委共同围绕投资、全流域规划、基础设施运营和服务提供进行协调。

- **通过设定和执行流量要求来实现环境和文化价值。**国际上采用的机制包括制定流域层面的可持续引水限额和排放限额，搭建专门负责为了环境开展水资源交易的独立机构。在文化价值的实现中也可运用类似的方式。

- **从法律上认可水资源的环境、社会和文化价值。**很多国家为水体赋予权利，作为对其环境和文化价值的认可，便于加强保护。其他机制包括国家水文化遗产体系以及相关认证和法规。

基础设施

中国拥有全世界体量最大的水利基础设施，但可能面临新建基础设施边际收益下降的问题。与所有发展中国家一样，随着河坝的最佳地点被占用、扩大水资源服务的便利机会被把握等，新建基础设施的边际收益不断下降。这一趋势在全国的资本存量中明显体现：过去十年内，中国增量资本产出比——用于衡量某个国家资本存量带来经济收益的效率，大幅上升（即恶化）（见图4.6）。与2007年相比，中国目前每新增单位资本产出的GDP减少了50%。这一点并不意外：过去四十年内，中国对有形资本（包括水利基础设施）进行了大量投资，而且快速积累的生产要素中一般都存在收益递减的情况。

水资源价值的持续实现将越来越多地发生在现有基础设施的优化利用，以及仍未充分开发的基础设施领域的持续战略投资中。通过考察与现有基础设施的互补性，可以最大限度地提高未来基础设施项目的价值，例如通过在各流域之间协调设置河坝，从而最大限度地提高广义上评估的（全流域）总价值而不是本地价值。同样，污水管网投资将扩大安全卫生服务的供应，同时提高污水处理厂的利用率和运营效率。

与过去相比，未来基本建设支出在服务提供和质量方面带来的效益将不那么显著。高效地引导基本建设投资将具有更大的意义，而且需要通过更高效的优先选择过程分配新项目资金。

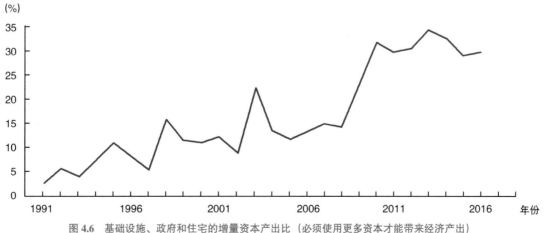

图 4.6　基础设施、政府和住宅的增量资本产出比（必须使用更多资本才能带来经济产出）

注：四年移动平均值。

资料来源：Herd，2020 年。

投资的主要目的是缩小最后阶段供水和卫生服务的差距、提高灌溉效率、扩大水力发电、加强中小型河流防洪工作并适应气候变化。对投资进行优化，需要通过日益完善的方法涵盖水资源的全部价值，包括负外部性，例如污染成本。

南非在水资源规划中采用单位参考价值，是这类情境下优化投资决策的分析实例（见专栏4.8）。也需要改变投资性质才能应对未来不确定因素；与扩大现有水资源输送、储存和处理基础设施相比，这样做更加有利于水源多样化、地下水筑堤、雨水收集和效率提升（Groves和Lempert，2010年）。

专栏4.8　南非基础设施规划中水资源的单位参考价值

单位参考价值是为水资源治理和开发项目前期规划阶段设计的一个成本效益量度。它可以协助决策者在一致性框架内对水资源开发方案进行比较，从而对稀缺的水资源进行合理分配。它一般是按水资源扩增或治理方案总寿命周期（资金和运营）成本的净现值，除以供水量贴现增量计算的。虽然采用单位参考价值可以指导不同方案的一般比较而且容易理解，但会受到未来水资源需求以及开发方案规模和时间的强烈影响，而且往往会忽略间接成本，尤其是社会和环境成本。

基于价值的方法也能够为中国大型河坝未来用途的决策提供指导。2011年，中国境内共有550多座大型河坝、87000多座中小型河坝（Miao等，2015年），占全世界大型河坝总数的40%左右，其中很多河坝建成后已使用近50年（Perera等，2021年）。虽然河坝基础设施对于防洪及水资源经济价值的实现至关重要，但社会价值观更加侧重于社会和环境成果，表明有潜在的机会通过改变河坝的运营方式，来提升河坝的生态、休闲和景观价值。

随着河坝的老化，需要根据河坝的经济价值以及修复和停运的直接成本，系统性地考虑停运问题。虽然这些问题还不紧迫，但考虑到中国河坝存量总体使用年限较短，随着基础设施的老化，这些问题将变得越来越重要。第三章所述的价值评估方法可以支持这些决策。

跨界输送基础设施意味着中国水资源的经济价值越来越多地在自然集水区之外实现。越来越多的集水区通过跨流域水资源输送实现连通，尤其是南水北调工程。这项工程的最终目标是通过三个水渠系统（中线、东线和西线），每年从长江向较干旱、工业化程度较高的北方地区输送448亿立方米淡水。随着北方主要地区水资源短缺状况得到极大的缓解，水资源输送可以实现巨大的经济价值。

政府正在建立管理水资源输送的制度，例如水资源交易协议①。这些制度明确了有偿转移的概念，其中价格通过市场协商设定，有助于为中国进一步依赖定价奠定法律和制度基础。然而，这类转移也带来了未来产生排斥和锁定效应的风险，即接收地区更加依赖流域内转移，为此缺乏根据自然条件提升效率以及逐步调整工业结构的动力。

专栏4.9 实现水资源价值的建议：基础设施

- **将能力和重点转向基础设施运营改善**。随着新建基础设施带来的增量收益减少，可以通过优化使用现有基础设施以及对仍有基础设施需求（例如农村污水基础设施）的地区进行高度针对性投资，从而实现更大的价值。

- **采用基于价值的广义指标对基础设施的扩建、停用或恢复进行评估**。社会价值的变化表明了基础设施最佳利用方式会随时间而转变。例如，考虑多重、多元化价值的全面效益成本分析可以表明怎样对基础设施运营程序进行调整使价值最大化。

- **考虑大规模基础设施投资的经济地理学，以及由此产生的模式与生态文明愿景保持一致的程度**。中国的经济和社会结构是由可用水资源量决定的，而且受到后者的深刻影响。主要新建水利基础设施很可能影响长期发展模式。

---

① 一个实例是2015年新密市与平顶山市签署的协议。平顶山市同意按协商确定的每立方米0.87元人民币的价格，通过南水北调工程中线每年最多向新密市输送2200万立方米的计划用水量，期限为20年。

4.4
激励措施

水资源价值的实现将越来越多地依赖经济激励措施。通过费率或市场进行的水资源定价在推动水资源向最高效用途转移方面发挥关键作用。税款、补助和转移支付进一步促成了这个目标的实现,而且有助于保证水资源的公平获取。这些激励措施通常被认为与实现经济价值的能力有关,但在实现环境和社会文化价值的过程中也发挥着重要的作用。中国广泛采用经济手段,但有机会对现有手段进行完善并在新领域进行扩展。

4.4.1
水价和水资源税

在市场经济中,价格是实现资源高效利用的一种基本工具,但高效的水价机制非常罕见。中国和国际水价往往不能反映水资源的经济价值(更不用说更广泛的价值了),而且很少能够抵消供水成本(Grafton、Chu和Wyrwoll,2020年)。努力解决实体水资源短缺问题的各国政府往往通过建设基础设施(抬高了供水成本)来增加供应,而不是通过价格来提高使用效率。随着中国新建高效供水基础设施剩余机会的减少,设定高效的水价——反映水资源价值且保证抵消供水成本的水价,将变得更加重要。

中国的水价随着时间的推移不断变化,但按国际标准衡量仍然较低。目前一般针对城市生活用水、工业用水按用量收费,但针对农业用水按用量收费的程度较低。过去30年,中国的水资源定价范围不断扩大,其中《水法》2016年修订版要求,供水价格应当按照补偿成本、合理收益、优质优价、公平负担的原则确定。从2013年开始,大多数城市实施了递增型阶梯水价①(IBT)。城市居民的总体水价一直在上涨,但相对于不断上涨的收入,水费支出占比平均而言是下降的,而且按国际标准衡量,水价仍然较低(见图4.7)。正在持续进行的水价改革(例如水资源费改为水资源税,见专栏4.10)有助于收回成本。

---

① 大多数城市采取了三级阶梯水价结构,其中三级的平均供水价格分别为每立方米2.31元人民币、每立方米3.45元人民币和每立方米5.72元人民币。

有必要保证水资源定价兼顾贫困家庭的负担能力和社会公平性。虽然中国极端贫困家庭大多免缴水资源费，而且采取了递增型阶梯水价结构，但大多数贫困家庭仍然支付与富裕家庭相同的水价。国际经验表明，递增型阶梯水价往往无法将补贴有效地提供给贫困家庭，因为政府试图通过同一个政策工具实现多个政策目标（负担能力和效率激励措施）[①]。

递增型阶梯水价的一个替代方案是实行统一按用量收费并结合客户援助计划，后者向贫困和中产阶级家庭提供水费退费。退费规模取决于收入或家庭人数，从而实现高效的水资源定价，同时消除不平等现象。

专栏4.10 水资源税费改革

中央政府2016年发起改革，对水资源税费征收机制进行完善。税费改革（费改税）旨在以税法作为执法依据，提高水资源开采的征税率。这是在认识到实施水资源费政策面临的挑战后发起的，这些挑战包括大多数地区征税率较低、缺乏统一计算方法、缺乏执法机制以及没有阶梯定价制度。

水资源收费原则于2002年引入《水法》。从河流、湖泊或地下水直接开采水资源的使用者必须从水资源行政主管部门或流域管理机构申请许可证，而且缴纳按用水量计收的水资源费。

水资源费仅限于工业和城市供水，而不对农业用水征收。已经启动农业用水定价改革，目标是提高使用效率并促进资源保护。全国各地收费标准差别很大。北京市水资源费的费率最高，住宅用水按每立方米1.57元人民币计收，而工业用水按每立方米2.3元人民币计收。

初步证据表明，这些改革成功地增强了节水激励措施。2016年河北省开展首次试点18个月后，非农业用水量减少了1.8亿立方米。

资料来源：财政部、国家税务总局和水利部，2016年；国家税务总局，2017年。

[①] 递增型阶梯水价的设计存在一系列难题，导致实践中未能很好地保证公平性。其中包括：（1）贫困家庭比富裕家庭共享自来水系统计量接入的可能性更高，从而使这个群体进入更高一级；（2）收入与用水量之间的关联性较低，通常是因为贫困家庭成员较多；（3）递增型阶梯水价的各级往往跨度较大，其中上级水价较低，从而大大影响了公平性；（4）递增型阶梯水价往往难以理解，从而降低了激励价值。请参见Nauges和Whittington（2017年）。

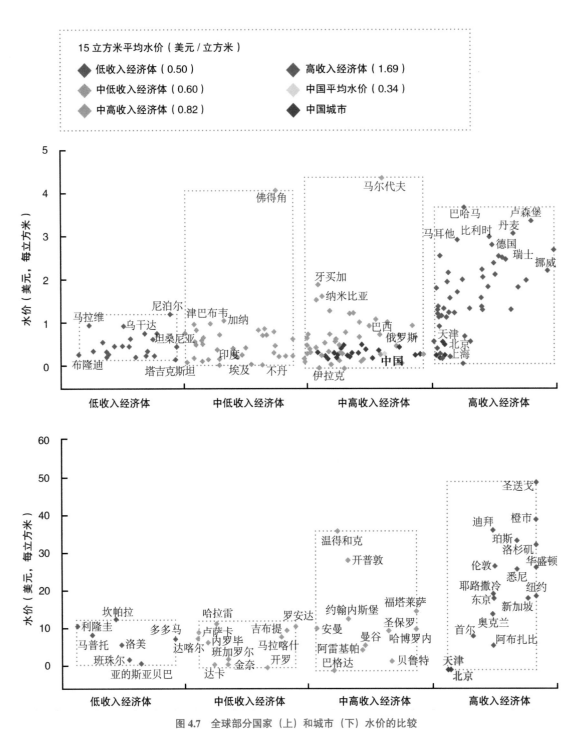

图 4.7　全球部分国家（上）和城市（下）水价的比较

资料来源：中国的水价数据来自中国水网（h2o-china.com）；全球水价数据来自国际基准对比网络；其他国家的城市根据世界银行（2018 年 b）及其他网上新闻报道选取。

4.4.2
转移支付

转移支付对于水资源价值的实现必不可少。各级政府之间的转移支付一般用于达成国家水资源和环境保护重点目标，正如中国的大量生态补偿项目所体现的那样。中央政府对国家级以下政府的转移支付用于保证全国不同经济发展水平的各省都取得进展，并且取得更公平的成果，即污染者支付费用，而弱势群体的利益得到保障。例如2020年设立的库班戈-奥卡万戈河流域基金，通过混合式结构将转移融资用于生态系统修复项目（见专栏4.11）。

未来，生态补偿将成为日益重要的一种经济手段，可以使激励措施保持一致并取得公平成果。生态补偿是一种概念性环境治理方式，本质是利用财政转移支付减少环境外部性，在中国已得到充分发展。虽然有多种形式的生态补偿，但过去十年内，中国日益显著的一个模式是一个地区向另一个地区付费，作为对共同边界水质改善的回报。更大比例的生态补偿项目专门针对水质和水量管理难题，而与水资源治理有关的项目数量从1999年的2个增加到2020年的67个左右（世界银行，2021年）。

专栏4.11　全球环境效益的价值评估：库班戈-奥卡万戈流域捐赠基金

库班戈-奥卡万戈河流域（CORB）是全世界最独特、接近原始状态的无闸坝河流之一。这里的资源对于干旱非洲南部的经济可持续发展至关重要。复杂的水灾变化规律为当地社区提供了重要服务，同时维系着国际重要湿地和一处世界遗产内丰富而独特的生物多样性。

这个流域的持续贫困加上气候挑战，形成了不可持续的土地利用方式。为了应对这种状况，成员国安哥拉、博兹瓦纳和纳米比亚设立了永久性奥卡万戈流域水利委员会（OKACOM）。2020年设立了库班戈-奥卡万戈河流域基金，作为调动长期资源的工具，从而让流域内各国为当地生计和可持续资源利用提供更加协调一致的支持。库班戈-奥卡万戈河流域基金采用混合架构，其中包含了一项偿债基金和捐赠基金，用于资助相关干预措施，从而提高流域内关键生态系统服务对气候变化和更高资源需求的适应能力。

资料来源：非洲国际水域合作（CIWA）项目，2018年；奥卡万戈流域水利委员会，2018年。

虽然从总支出来看，以重新造林或生态保护为重点的大型国家项目仍然处于主导地位，但国家级以下政府主导的水质改善项目越来越常见。然而，中国的生态补偿项目还有很大的推广和复制空间，而且从基于投入的绩效指标转向基于成果的绩效指标，从而使激励措施与生态成果保持一致，也有很大的发展空间。

公私合作、项目融资和绿色债券调动了更多资金，为水质相关基本建设投资提供了效率支持。已在结合污水处理与河流修复的城市水质提升项目以及城市水灾风险治理项目中进行试点，可以进一步复制和推广。专栏4.12介绍了中国"海绵城市"的实例，其中采取了综合性项目结构，将传统灰色基础设施与蓝色和绿色基础设施相结合，旨在应对城市水灾风险。

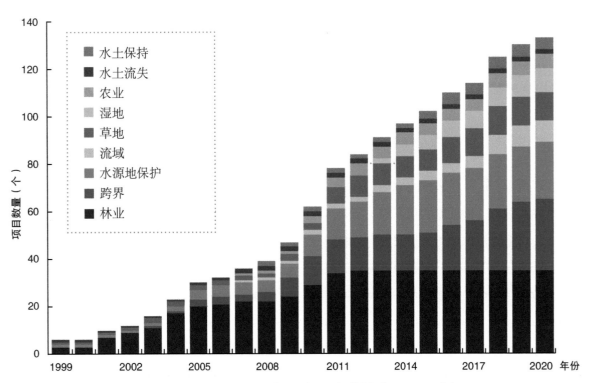

图 4.8　生态补偿项目的增长趋势——按项目类型划分（1999—2020 年）
注：项目数量应当视为示意性而不是确定性的，因为某些项目的精确"边界"难以界定。
资料来源：世界银行，2021 年。

专栏4.12 在城市水灾治理中实现基于自然的解决方案的价值

中国的水灾损失从20世纪80年代的每年**70亿美元增加到21世纪初的每年240亿美元**。快速城市化、土地使用模式变化、经济持续增长和气候变化导致水灾风险不断加剧。作为下一代水灾治理措施的一部分，2014年海绵城市建设项目正式启动，旨在通过整合基于自然的解决方案来提高城市适应能力。

海绵城市结合了结构性和非结构性解决方案，利用灰色、绿色和蓝色基础设施来应对水灾和峰值径流衰减、改善城市径流净化并加强节水。目标是到2030年让中国80%的城区达成海绵城市标准，其中2015年和2016年分别确定了30个试点城市。试点资金主要来自政府补贴（53%）和可行性缺口补助（44%），使用者支付的费用据称仅占3%。到2030年项目投资规模预计为1万亿美元，这些资金预计来自各级政府、金融机构、私营部门和当地社区。

在城市综合水灾治理中，支持基于自然的解决方案的融资方案是根据直接和间接效益的相关价值确定的。适当的融资组合取决于这些效益相关收入来源的负担能力和收集能力。如果这些收入来源较为有限，那么公共资金对于与很多衍生效益有关的公共产品投资仍然是不可或缺的。

然而，有一系列方案可以提高政府资助的效率和公平性。这些方案是根据发展水平和当地条件确定的，其中包括通过成本共享机制利用政府资金、采用基于绩效的补助和有条件转移支付、采取监管措施促进基于市场的解决方案、制定积极的投资激励措施、开发特殊项目工具以发行针对机构投资者的专门债券、汇集对项目受益人的投资并推广新型资产担保工具、为绿色债券市场开发蓝色资产，以及让保险公司参与相关产品开发并建立水灾风险保险机构，从而建立全国性水灾风险池。

资料来源：Wishart等，2021年。

4.4.3

市场

水资源市场是实现水资源经济价值的强大机制，可以通过适当的结构设置支持水资源的环境及其他价值的实现。水资源交易包括流域内交易、流域内上下游之间的交易、跨部门交易和同一个部门内水资源使用者之间的交易（见专栏4.13）。所有交易都基于同一个原则：市场表明水资源的边际经济价值，激励行动者高效利用水资源（即仅在边际产出超过价格时使用）。良好的市场运行需要明确而安全的水权、

水权和交易登记簿以及有效的监管、监测和执行。

如果水资源使用者能够通过其他途径获取更多水资源（例如政府签发新许可证），导致几乎没有交易动机时，还必须为水资源管理体制"设置上限"。需要大量使用者及其之间的连通性来保证市场的充分流动性。可用水资源量随时间和地理区域的变化，以及不同作物和行业类型产生的不同需求，将促使水资源使用者有动机与其他使用者进行交易，从而推动效率提升（澳大利亚水资源伙伴组织和世界银行，2022年b）。

专栏4.13　水资源市场在价值实现中的潜在运用

水资源市场呈现出多种形态，具体如下。

农业部门内部的交易：可以通过"总量控制与交易"模式建立水资源市场，根据气候或市场因素让水资源在不同作物类型之间有效地配置，从而促进水资源得到更高效的利用。

农业与其他部门之间的交易：可以建立农业与其他用水部门之间的交易市场。例如，工业可以从农业水资源使用者那里购买水资源（他们的水权或通过提高效率节省下来的水资源）。城镇水资源使用者也可以这么做。

农业与政府之间的交易——"回购"：政府可以代表"公共产品"用途（例如环境）购买水资源。例如，政府可以进入市场从农民那里购买农业用水，而且将这部分水资源用于环境资产。

同一类水质内部或不同类水质之间的交易：可以建立同一类水质内部或不同类水质之间的交易市场，从而保证不同质量的水资源得以充分利用。

未分配水资源市场：如果水资源未能充分分配——例如供水量仍然超出需水量的供水系统，那么可以将水资源拍卖，从而保证这些水资源用于价值和效率更高的地方。

资料来源：澳大利亚水资源伙伴组织和世界银行，2022年b。

还可以通过市场以节省成本的方式减少水污染。排污权交易方案，又称作总量管制与交易制度，允许污染防治成本较高的企业向污染防治成本较低的企业购买污染排放减量，从而实现了高效的排放减量。设计良好的市场可以依照生态系统限额和水资源政策目标设置排放总量上限。在这个上限内，属于受管制类别的排放者，例如目标部门内超出一定规模的企业，可以通过购买许可证来使其排放量合法化。所有许可证价值相加相当于上限价值，从而保证了环境的确定性。减少排放的企业可以向其他企业出售未使用的许可证，从而提供了提高效率、在排放减量成本最低的企业之间推动排放减量的动态财务激励手段。排污权交易市场不需要由政府设定许可证价格；价格是由企业许可证需求与供应（上限）关系决定的。

排污权交易方案已在中国开展试点，但仍未在省级或国家层面实施（专栏4.14）。政府对这类机制表示了强烈的兴趣，在"十四五"规划和国家生态保护补偿条例草案中有所体现（国家发展和改革委员会，2020年）。在适当的法律和政策情境下对现有试点进行推广有很大空间，与传统的命令式工具相比更灵活，以更低成本达成水质目标。中国在水资源和排污权交易市场方面的初步经验，为彻底评估运用这些市场模式确定未来市场的适当范围和设计提供了机会。

专栏4.14　旨在减少水污染的排污权交易

　　排污权交易在中国试点已有二十多年。 1988年，当时的国家环境保护局发布了《水污染物排放许可证管理暂行办法》，其中规定"水污染排放总量控制指标，可以在本地区的排污单位间互相调剂"（国家环境保护局，1988年）。随后在多个城市开展了试点工作。在第九个五年计划（1996—2000年）期间，正式引入了主要污染物的排放总量控制政策，而且在全国各城市实施了排放许可证制度。在这些改革背景下，污染排污权交易在地方层面得以发展，重点对象是大规模工业排污企业和特定污染物（化学需氧量和硝酸铵）。

　　这些试点的一个突出例子是长江流域的太湖。 太湖水质退化产生了有毒藻华，并于2007年导致饮用水危机，促使当地于2010年开始实施试点污染排放许可证和交易制度，涵盖1350家大型排放企业。这些试点及其他试点获得的经验教训可以指导这些机制的推广。重要的是，有必要避免水质监管框架不同要素之间的冲突。这个项目最初是在各企业支付排放费的现有义务之外再征收许可证费用，而且与市场激励措施同时采取命令式污染防治措施，从而降低了企业的灵活性（Zhang和Bi，2012年）。务必建立一个总体政策框架来解决这些冲突并让企业明确相关市场边界。

资料来源：作者编撰。

专栏4.15　实现水资源价值的建议：激励措施

水价和水资源税

- 在供水价格中反映供水总成本（资源、资金成本和运营成本），在必要时通过退费来解决负担能力问题。应当考虑对各级水量标准进行调整并重新校正各级水价，从而激励高效利用。应当考虑针对贫困家庭的退费，从而保证他们的处境不会因为定价改革而恶化。应当实施与全国税费改革挂钩的水资源费，必要时依照完全收回成本的原则因地制宜地进行改革。

- 设定一般市政用途的水价，例如城市绿化和街道清洁，从而激励高效、合理利用。应当利用价格工具鼓励在不要求达到饮用水标准时尽量使用非饮用水。

- 保证针对各部门和各类水资源采取一致的激励措施。应当对自来水、回用水、淡化水和直接开采地下水的相对水价进行校正，以保持效率激励措施，同时使这些水源的各种环境成本内化。针对不同部门的水价（例如各类产业）应当尽可能均衡化，从而鼓励以最高边际价值利用水资源。

- 设定反映水资源多重价值的水资源税。在面临季节性缺水和无法实现智慧型计量的地区，应当考虑对水价进行季节性调整。

转移支付

- 推广生态补偿方案。旨在推动水环境和生态保护的政府间转移支付在中国取得了成功。可以推广使用基于产出的指标（例如在水质型流域项目中行之有效的措施），加强某些方案中的激励措施（世界银行，2021年）。

- 推广新型融资结构，从而提高效率并引入非政府资金来源。其中可能包括一系列公私合作模式中私营部门的参与。

市场

- 完善市场支持机构和法规。有必要进一步加强明确安全水权的法律依据，以及管理交易规则、水权和交易登记机构、有效监测和执行的法规。

- 扩大市场覆盖范围。在更大的水文区域内扩大市场覆盖范围，从而涵盖跨部门交易及各类使用者和部门之间的交易，通过市场进一步保障价值实现。

- 在国家层面上制定准则和目标，从而激励当地行动者建立市场。对基于市场的现有方案进行系统性评估，以指导国家级法规和框架的复制和扩展。

4.5
信息、教育和传播（IEC）

信息、教育和传播干预措施已在全世界社区成功地用于传播水资源价值，在中国推广的潜力巨大。信息、教育和传播干预措施的规模和范围差别很大。很多国家将节水明确纳入学校课程，以保证信息传递的范围和一致性；采用用水效率标签方案传递水资源价值，促进消费者知情并参与决策。更加精细、资源密集型信息、教育和传播干预措施包括对水体进行修复并用于休闲和康乐，同时与水资源价值的信息传递关联。新加坡积极、美丽、干净（ABC）水资源计划就是这种方式的实例（见专栏4.16）。

公用事业公司利用行为引导来鼓励节能和节水。很多地方的研究表明，人们的行为受信息传递、社会规范，尤其是同伴比较影响。这个领域的一项开创性研究表明，针对家庭运用同伴使用量比较的方法可以让超出平均使用量的家庭减少使用量。然而，这项研究还发现了"飞去来器效应"——使用量较低的家庭在获得信息后会增加使用量。将同伴信息与社会肯定低使用量用户（笑脸）或否定高使用量用户（皱眉）的信号结合，就能消除这种

"飞去来器效应"。这些研究结果已经在电费和燃气费（Ayres、Raseman和Shih，2013年）以及用水（Schultz、Javey和Sorokina，2019年）的大规模实地实验中得到验证。能源和水资源使用量一般会短期减少2%~5%左右（Nauges和Whittington，2019年）。

专栏4.16 实现水资源价值的信息、教育和传播干预措施

西班牙萨拉戈萨实施了针对家庭、学校、小企业和业界的综合性水资源价值传播计划。这项计划让使用者参与长期、持续性的信息传播活动，从而提升人们对水资源短缺的认识。这项计划包含四个阶段，最早开展的是一项广泛的意识提升活动，通过细微行为改变和安装节水装置，实现家庭、公共建筑和企业节水。第二阶段，在公园、花园、公共建筑和工业设施安装了节水装置以证明其效果。第三阶段，向大量用水户分发相关指南并在学校开展了相关活动。最后阶段，鼓励公民和企业做出"十万条节水承诺"，并在2008年以"水与可持续发展"为主题的萨拉戈萨世界博览会上展示这些承诺。活动内容包括发起十亿升节水挑战——第一年就达成了目标。12个月内的节水量相当于年度生活用水量的5%以上。重要的是，此后一直保持了低用水量（Stavenhagen、Buurman和Tortajada，2018年）。

新加坡积极、美丽、干净（ABC）水资源计划展示了让人们更接近水环境如何提升水资源价值。2006年实施的这项计划向公众开放水道和水库用于休闲和康乐，旨在让公众成为水资源的守护者，促进节水、固体和液体废物的安全处置，提高公众对城市绿地中非破坏性溢流的包容程度。截至2021年，已完成48个积极、美丽、干净项目并向公众开放，包括碧山宏茂桥公园，其中一条3千米的城市河段从一条混凝土河道改造成一条贴近人类和自然的河流（新加坡公用事业局，2021年a）。河道本身是作为河漫滩设计的，而且与市内排水管网相连。天气干燥时，水流局限于狭窄的河道内，游客可以在河道内部和周围进行休闲活动。下暴雨时，附近公园将被淹没，成为向下游输送雨水的渠道。引入了土壤生物工程、综合种植、天然材料和土木工程，对河道边缘进行软化。新加坡境内的积极、美丽、干净的项目地点成为热门游览景点，成为传播和认识水资源价值的载体。

资料来源：Ayres、Raseman和Shih，2013年；Schultz、Javey和Sorokina、2019年；Stavenhagen、Buurman和Tortajada，2018年；新加坡公用事业局，2021年a。

学校为在年青一代当中推广水资源的**环境、社会和文化价值提供了极佳的环境**。节水可以作为科学课的一部分或者一个专题纳入中小学课程中。在新加坡，小学课程中纳入了一个关于水资源的单元，其中包括水资源的供应方式、家庭使用方式、家庭可以采取的节水措施以及一个水资源审计活动，中学生会学习雨水治理和水处理（新加坡公用事业局，2021年b）。在澳大利亚昆士兰州，水资源被纳入科学课和地理课，而且政府通过"水智慧"计划为学校提供相关资源，其中包括将水资源与原住民文化和可持续发展关联的特定单元（昆士兰州政府，2021年）。

门户网站采用了一种差别很大的方式，但采用了与双向沟通和参与相同的原则。这些网站旨在征求关于水资源和环境问题的反馈意见，并非为政策制定者提供价值信息，而是（也许同样重要）鼓励公众思考自身与环境的关系。澳大利亚墨尔本有一个创造性的实例。2018年，公共空间内的7万棵名树拥有了自己的电子邮箱地址。在这项活动中，很多人愿意与树木进行思想交流（Burin，2018年）。

专栏4.17　实现水资源价值的建议：信息、教育和传播

- **探索行为引导的机会**。这些低成本干预措施可以减少用水量并提高人们的节水意识。

- **建立双向沟通门户网站**。门户网站可以让利益相关方表达自己的价值观和重点事项。这些价值观和重点事项可以纳入政策制定过程中，也能鼓励人们与环境建立联系并对环境进行思考。

- **将节水纳入学校课程中**。水资源、使用和节水可以整合到中小学的科学和地理课程中，或者纳入关于可持续发展或环境的专题学习中。

- **开展信息和传播活动**。通过鼓励公民参与社区活动，让公众认识到水资源的价值并树立责任感。

- **保护水资源的文化价值**。为此，可以通过艺术、传统仪式和儿童教材等形式，支持社区保护与水资源有关的手工艺品和传统风俗。

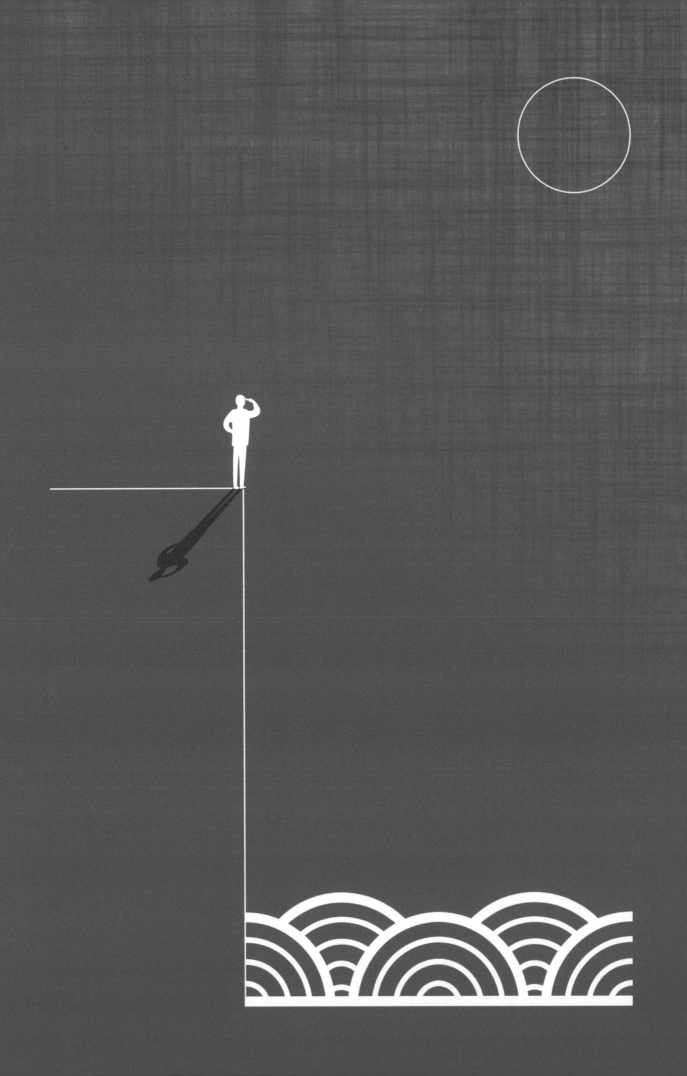

第五章 |
未来展望

▍目标

本章阐述了第一章提出的智慧型水资源政策的七个重点领域，而且将其中每个重点与第二章、第三章和第四章阐述的工具和方法关联起来，旨在说明怎样通过识别、评估和实现水资源的多重、多元化价值，推动这些重点领域的发展，实现中国的生态文明愿景。

▍要点

- 生态文明建设需要在水资源开发管理方面进行智慧型改革，主要需求如下所示。

  o 保护水资源的环境和文化价值。

  o 对水利基础设施进行管理，使水资源的多元化价值最大化。

  o 对政策干预措施进行调整，与水资源的时间和空间价值匹配。

  o 对水价进行改革和调整，以反映其价值。

  o 通过结构化过程向价值驱动型水资源治理转变。

  o 建立评估体系，确定水资源对生态文明建设的贡献程度。

  o 实现生态文明建设的愿景和水资源在这个愿景中的作用。

- 识别、评估和实现水资源价值的工具和方法至关重要。

本报告阐述了中国迄今为止在水资源治理方面的成就，其中很多成就是通过对水利基础设施的大量投资达成的。这些成就包括扩展了家庭和工业的水资源服务获取、灌溉农业生产的长期增长、对储水设施的大量投资以及水灾治理的显著改善。这些成就对于中国的经济发展和减贫至关重要。虽然对新实体基础设施的投资仍是水资源政策的一个重要支柱，但水资源政策通过其他途径应对不断变化的价值及社会期望的能力，将在越来越大的程度上决定中国的发展轨迹。

随着中国转向高质量绿色发展，水资源政策需要更多地关注水资源的社会、文化和环境维度。在生态文明愿景的支持下，这种转变反映了基础社会价值观的变化，尤其是对环境的关注程度有所提高（如第二章所述）。了解不断变化的价值状况，对于从强调水资源开发的经济导向型政策，向强调环境治理的政策转变至关重要。这种转变正在进行，体现在中国采用的政策工具中，这些工具对水资源开采量设置了上限，提高了水资源分配和使用效率（包括试点水资源市场和反映成本的定价），同时更加强调各地区以及城市和农村使用者之间的公平因素。环境相关管理措施——例如生态流量和对发展的空间分区限制（生态保护红线）变得更加重要。

在认可水资源全部价值的基础上，对这些方法进行扩展和完善将取得更大的进展。本报告中提出的识别、评估和实现水资源价值的建议将支持中国推行智慧型改革，即第一章所述的七个重点：（1）保护水资源的环境和文化价值；（2）对水利基础设施进行管理，使水资源的多元化价值最大化；（3）对政策干预措施进行调整，与水资源的时间和空间价值匹配；（4）对水价进行改革和调整，以反映其多重价值；（5）通过结构化过程向价值驱动型水资源治理转变；（6）建立评估体系，确定水资源对生态文明建设的贡献程度；（7）实现生态文明建设的愿景和水资源在这个愿景中的作用。

"饮水思源。"

5.1

保护水资源的环境和文化价值

一直以来，中国对水资源生态价值保护的重视不够。由于未能很好地保护自然环境以及向河流、湖泊、湿地和地下水提供生态系统服务，生态发生了退化。虽然水资源的生态价值在政策和法律中更加受到重视（例如2021年通过了《长江保护法》），但保护措施实施起来仍然困难重重。主要原因是，水资源治理尤其容易受到跨地区合作及跨部门协调成败的影响。中国已经采取措施来应对这些挑战，而且通过河长制取得了一定的成功。生态保护红线（要求地方政府而非上级政府作出承诺）的实施有助于确定中国水资源价值的保护力度。

政策制定和决策过程中也往往忽略文化和精神价值。中国的悠久历史为水资源政策提供了重要基础，而且与当代水资源治理方法相结合，形成了一个独特的治理体系。在这个体系中，正在引入创新框架，为水文化遗产的识别和评估提供指导（例如郑州市——见第二章专栏2.5）。保护、继承和推广黄河文化的国家战略是水资源文化价值在中国日益受重视的另一个典型实例。进一步加强保护文化价值的法律框架建设，同时建立国家水文化遗产体系以及相关认证和法规，可以保障未来的历史、科学技术、艺术和文化价值。

参与性方法有助于识别和评估水资源的主要价值，而且可以通过激励措施和法规来保护这些价值。虽然水资源治理的参与形式多种多样，但协商机制对于形成水环境的共同愿景不可或缺。这些过程对于揭示可能"隐藏"在多元化当地社区中的文化和社会价值也非常重要。应当设计相关过程，以公平、透明和包容的方式揭示和协调价值，从而了解利益相关方的立场和偏好。因此，在综合流域规划和国家规划框架的大背景下，地方各级政府往往能够很好地服务于价值的识别过程。在新的参与式协商方法中，一些地方政府可能需要在中央和省级政府的领导下开展能力建设。

107

应当采用评价方法来确定广泛的生态和文化价值。过去，在上游开发和分区决策中，并未系统性地考虑健康集水区的间接使用价值（例如下游防洪、水质改善和营养物循环），可以通过整个流域或集水区的水文经济模型对这些效益进行评价。中国各大流域管理机构都具备了这种模型构建能力，而且有机会将范围扩展到必须采纳这些机构建议的各级政府。更多地运用主观价值评估方法（为了更好地了解水资源的选择价值、遗赠价值和存在价值）是一个有用的补充（如第三章所述）。

需要建立机构来长期保护水资源价值。水资源的环境和文化需求应当在规划过程早期由流域管理机构确定，并由省级水资源管理部门纳入水资源分配规划中。可以通过认可自然权利的法律工具，以及负责保障环境和/或文化水资源分配的独立机构，进一步保护水资源的内在价值（见第四章专栏4.3）。这些分配应当纳入部门（例如水资源、环境、文化）和多部门（例如空间、社会经济）的规划及政策文件中。

对水利基础设施进行管理，使水资源的多元化价值最大化

必须使现有基础设施更高效地运行并对其进行优化，并且采取有针对性的投资方式，使水资源的多元化价值最大化。中国建设了全世界体量最大的水利基础设施，但随着基本服务提供的实现以及大部分可获取水资源得到充分利用，进一步投资的边际收益将逐渐减少。要想取得进一步收益，必须以对多元化价值敏感的方式优化管理。气候变化的前景也可能要求改变现有基础设施的管理方式，以适应未来水文的不确定性。

在价值驱动型基础设施管理方式中，最初需要在各水文地区对受项目影响的价值进行识别和揭示。影响跨越了行政边界，因此需要采取流域级或子流域级方法进行管理决策，其中应当考虑国家规划政策和重点。由于分布在流域内各地区的基础设施相互影响，因此在这个背景下很难做到这一点。综合水文经济模型构建可以突出流域各部分使用者之间的协同效应和取舍，从而指导跨界管理和投资决策。这类模型也可以在考虑新基础设施环境、社会和财务成本的基础上，评价效率提升投资相对于扩大供应的优点。在国家级大型基础设施项目（例如中国南水北调工程西线）中，对影响进行识别和评估至关重要。还需要努力提升国家级以下政府和第三方运用这类综合模型及其他评价方法的能力。

对中国存量水利基础设施的进一步投资规划需要更多地针对"缺失环节"，或者对体系现有部分进行补充性投资。补充性投资可能包括结合现有污水处理厂的升级，对农村污水收集系统进行扩建，或者对输送再生水的专门管网进行扩建。还需要对规划过程进行变更、在地方层面建立支持性机构框架并开展高层级监测，从而保证投资优化的空间。尽管基础设施的边际成本较高，但这些工作可以加强对现有大规模存量资本的积极影响。

基础设施投资和管理需要更高质量的数据和信息指导。应当开发流域级信息平台，例如对地方和省级河长办公室使用的现有数据平台进行整合。这样可以加强跨部门、跨地区数据共享。向公众开放这些平台可以加强公众参与并让公众更加信任决策过程。

5.3
对政策干预措施进行调整，与水资源的时间和空间价值匹配

任何价值实现方式都需要因地制宜的政策以及适应情境变化的优先事项和能力。过去40年中，中国居民收入水平显著提高；2021年，北京市和上海市的人均收入超过了25000美元，而甘肃省和黑龙江省的人均收入仅略高于5000美元。水资源自然禀赋、资源利用效率、污染和政策应对措施方面存在类似的差异，其中很多方面体现在绿色发展指数中（见专栏5.1）。这意味着一个复杂的水资源治理情境，需要采取差异化的政策应对措施和机制，以便对日益富裕的人民当中的价值取向变化做出响应。

利用适当工具在整个识别、评估、实现过程中支持差异化。在识别阶段，协商方法有助于揭示当地拥有的价值，建立关于当地水资源未来理想状态的共同愿景。这些一般反映了广泛流域特征和国家重点规划下的当地发展状况。评估方法可以特别关注特定地点识别的价值，而且选择的工具应当与委托分析和运用分析结果的当地能力相匹配。中央政府可以通过收集和管理成本效益评估信息、实现有效效益转移来提供支持。

在实现阶段，目标和法规应当基于成果而且针对地方情况进行调整，而不是规定具体干预措施或者制定统一的国家规则。需要制定与水体生态状况关联的差异化标准和绩效指标，从而考虑生态要求的国内差异。在水资源和服务定价过程中，应当密切关注当地负担能力。需要关于当地状况的详细信息，以便促使上级政府采取最佳用途的财政转移支付。

流域级协调机制将改善跨地区和跨部门一致性。虽然由于不同的社会经济背景和自然禀赋，水资源政策需要在空间上有所差异，但某个地方的水资源政策对同一个流域内的其他地方会产生外溢效应。例如，长江流域下游水资源经济和社会价值的实现取决于上游水资源生态价值的保护。综合规划、数据和信息共享，以及针对优先地理区域的资金流动（例如生态补偿）将支持各地之间的协调。这些要素在同一个流域内不同省份的分布需要加强流域层面的能力，从而推动日益竞争的使用者之间的复杂谈判和资源分配，同时使水资源价值最大化。

专栏5.1 中国人均收入和绿色发展水平的变化

绿色发展指数（GDI）发布于2016年，提出了一套指标，反映了中国31个省、直辖市和自治区的社会经济发展和环境保护状况。这个指数涵盖六个方面（资源利用、环境治理、环境状况、生态保护、增长质量和绿色生活方式）的56个评价指标，由中国国家统计局与国家发展和改革委员会、当时的环境保护部和中共中央组织部共同发布。

国内生产总值所体现的强劲发展模式与环境成果严重不匹配，导致绿色发展指数分值与国内生产总值的传统量度发生偏差。绿色发展指数等指标反映了更广泛的价值；如果将这些指标用于激励政府决策（尤其是地方官员作出的决策），可以使政策选择更好地与公民的广泛愿景以及基于特定挑战的当地政策需求保持一致。

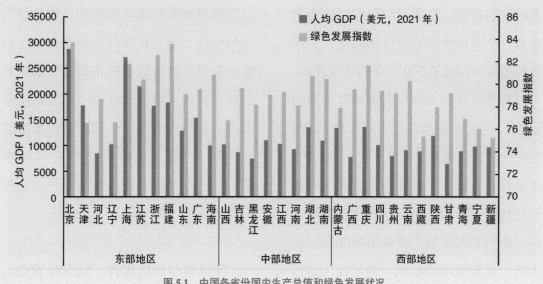

图 5.1　中国各省份国内生产总值和绿色发展状况

5.4
对水价进行改革和调整，以反映其多重价值

价格在表明水资源价值、引导资源转向最高效用途中发挥着核心作用。中国目前的水价远远不能反映水作为一种资源和服务的完整价值。有很大空间可以逐步上调水价，从而使价格与价值相匹配，实现高效利用决策并抵消不断上涨的供水成本。也可以提高征收的多种水资源税费之间的一致性，包括地表水和地下水水资源费；针对农民、工业和家庭的供水费；污水费；直接排污费；以及针对非常规水源（例如再利用和淡化）的费用。这同样需要地方政府采取行动来实施上级制定的准则。正在实施的水资源税费改革（费改税）是达成这个目标的重要一步。

中国和全球水资源市场利用程度较低，但有可能在变化和短缺的条件下进一步提高效率。虽然水资源市场在中国建立已有二十多年，但其规模和范围的扩展受到约束：水权未能明确界定、回流流量管理不当、交易法规存在漏洞、机构安排不明确、市场监测薄弱、信息未能透明共享。为了保证水资源市场有效运行，流域管理机构及其他相关机构必须对资源使用和/或污染排放量设置明确的上限。省级政府需要批准并实施这些上限。而且，必须对这些上限进行密切监测，以确定一段时间内可能需要作出的调整，确定效率和消耗性使用量增加导致的回流流量减小，或者纳污能力的变化。运行良好的市场会发出能够反映水资源经济价值的价格信号；如果环境机构也被纳入市场设计中（例如环境水资源持有机构或者基于生态需求的可持续引水限额），那么价格也能够表明环境价值——这样有助于使行为与高效成果保持一致。

使价格与价值保持一致意味着在大多数情况下设定更高的价格，但需要支持措施才能保证负担能力。需要注意水价上调对弱势群体的影响。可以利用补助（例如根据家庭人数或收入给予的水费退费）来保证使用者有能力支付反映价值的价格。同样的逻辑适用于多种碳税设计方案，其中税收归宿通过退费进行抵消，从而保证了动态激励和负担能力。可以利用财政转移支付（例如生态补偿方案）对保护水资源环境价值的需求进行平衡，同时管理水资源的经济价值，尤其是在欠发达地区。

通过结构化过程向价值驱动型水资源治理转变

向价值驱动型水资源政策的转变是一个长期过程，会给分配带来影响；必须关注对转变本身的管理，从而得到利益相关方的支持。本报告强调，需要通过参与式机制来建立水资源未来理想状态的共同愿景，同时让艰难的政策决定得到人们的认可。除现有协商过程外，本报告阐述的较新工具（例如参与式绘图和模型构建）提供了揭示价值并获得公民理解的途径。参与过程要求让利益相关方获取可靠的数据，从而支持科学讨论。

反馈机制、适应性管理以及信息、教育和传播（IEC）干预措施对于成功转变至关重要。系统性地考虑环境、社会和文化价值对于很多决策者和公民而言是一个新事物，而教育和传播干预措施可以有效地传递与价值有关的概念，而且引入可以用来识别和评估价值的过程（例如利益相关方论坛）。适应性管理过程，例如借助于流域模型构建、情境分析和稳健决策工具进行的定期政策审查，可以使政策适应中国快速变化的水资源情境，应对气候变化带来的新挑战，从而有助于实现价值。

这个转变必须伴随着公众意识的提升。水资源的多重价值以及水资源相关风险（包括退化）带来的成本可以纳入学校课程及其他信息、教育和传播活动，例如通过河长制组织的活动。可以建立和制作水博物馆和文化产品（例如书籍和歌曲），这样不仅能保护水资源的文化价值，还能提高人们的意识并让人们更加支持与水资源有关的保护活动和投资。

5.6 |
建立评估体系，
确定水资源对生态文明建设的贡献程度

对价值敏感的水资源政策建立在可靠、透明数据的基础上。 需要一套客观指标来评估水资源的贡献和向生态文明的转变过程。虽然已经提出指标体系来衡量经济、社会和自然方面的生态文明主要目标，但需要进一步衡量并监测水资源的具体作用。所提出的指标体系一般考察可用水资源（例如人均水资源量）或其利用情况（例如每立方米增加值）的简单量度，而不是水资源对经济、文化和环境的贡献（即与水资源有关的成果）。这种监测需要了解基础资源以及社会经济、技术、工程、环境和文化问题，为此需要很多类型的数据。

建立更全面的转变期国家水资源监测体系，有可能在超出原先预期范围的应用中创造价值。 水资源相关数据一般分散在各级政府的多个机构。如第三章所述，数据往往以无法比较、难以获取的方式公布，或者保存在相关部门或部委内部。有必要加强监测和统计系统，提高跨部门和跨地区的整合程度。将一系列利益相关方的诉求主动整合到数据寿命周期和数据治理结构中，可以加强对未来政策措施的指导，明确制度缺陷，加强协作。然而，这个过程中存在很多障碍，包括未能针对官员采取数据报道的一致性激励措施、数据系统不兼容、从根本上缺乏信任和透明度。这些系统是智慧型水资源治理框架不可或缺的，有助于使水资源政策与生态文明愿景保持一致。

5.7 |
实现生态文明建设的愿景和水资源
在这个愿景中的作用

本报告中的建议和实例说明了水资源政策对生态文明建设的贡献。中国要想进一步实现这个愿景,必须让社会文化和生态价值在水资源政策中发挥日益重要的作用。中国水资源、地域和水资源使用者的多样性必然导致利益竞争,从而凸显了能够揭示和协调不同价值、提出持久解决方案的机构和过程的必要性。本报告介绍的工具——识别、评估和实现这些价值的方法和建议,提供了达成这个目标的可行手段。实施这些建议需要做出重大的政治承诺。改革需要时间,尤其是涉及公共池塘资源(例如水资源)时,而且需要做出实现包容、透明过程的持续承诺。必须推翻传统做法并进行调整,从而服务于新的价值敏感型管理方式。

生态文明的实现仍然要依赖知识的对内和对外转移。中国的总体社会、经济和水资源状况,以及识别、评估和实现水资源价值的经验有可能对其他国家提供重要参考。中国在水资源治理和开发以及在各地扩大水资源服务获取方面的经验,可以为不同发展阶段的其他国家提供指导。中国的多方面经验表明,与共同保护原始生态系统相比,修复受损生态系统及其服务的成本可能更高,而且最终效果也不佳。中国采取的政策组合将监管与市场机制、允许各地灵活解释的国家框架、推动官员改善环境绩效的创新激励方案相结合,为中央和国家级以下政府提供了丰富的、可借鉴的实例。

参考资料

［1］Aither. 水资源指南：在短缺条件下确定改善水资源治理和使用的路径（第二版）. 澳大利亚水资源伙伴组织，2018.

［2］2020 年全球水信息系统，2020.

［3］Aritua，Bernard，Lu Cheng，Richard van Liere，Harrie de Leijer. 新时代的蓝色路线：中国内陆水路运输的发展. 国际发展聚焦，2020，世界银行.

［4］澳大利亚水资源伙伴组织和世界银行. 水资源价值评估：澳大利亚视角. 墨累–达令河流域水资源的文化价值，2022.

［5］Ian Ayres，Sophie Raseman，Alice Shih. 同伴比较反馈能降低住宅能源使用量的两次大规模实地实验提供的证据. 法律、经济和组织杂志，2013，29（5）：992–1022.

［6］Bester，Rozanne，James Blignaut，Peter van Niekerk. 水资源扩增和治理的成本效益：单位参考价值评估. 南非土木工程学院学报，2020，62（2）：39–44.

［7］Bowker，J. M.，John C. Bergstrom. 原生态和景观河流：经济视角. 国际野生杂志，2017，23（2）：22–33.

［8］Burin，M. 全世界人民给墨尔本的树木发电子邮件. ABC 网络版，2018 年 12 月 12 日.

［9］联邦环境水务局（CEWO），澳大利亚政府. 环境水权持有. 2021.

［10］Ang Chen，Miao Wu. 可持续发展管理：中国环境流量实施的发展状况. 水资源，2019，11（3）：433.

［11］Ang Chen，Miao Wu，Sai-nan Wu，Xin Sui，Jing-ya Wen，Peng-yuan Wang，Lin Cheng，Guy Lanza，Chun-na Liu，Wan-lin Jia. 弥补中国环境流量理论与实践的差距. 水科学与水工程，2019，12（3）：284–292.

［12］Feng Hu，Debra Tan，Yuanchao Xu. 长江水资源危机、热点与增长. 中国水危机，2019.

［13］Peter Christensen，David Keiser，Gabriel Lade. 环境危机的经济影响：密歇根州弗林特市的证据. 工作文件，爱荷华州立大学经济学系，2019. http://dx.doi.org/10.2139/ssrn.3420526.

［14］非洲国际水域合作（CIWA）项目. 建立库班戈–奥卡万戈流域捐赠基金保障流域长期健康. 非洲国际水域合作：2018 财年年度报告，世界银行，2018.

［15］中共中央委员会（CPC），国务院. 推进生态建设的综合改革方案，2015.

［16］Richard Damania，Sébastien Desbureaux，Marie Hyland，Asif Islam，Scott Moore，Aude-Sophie Rodella，Jason Russ，Esha Zaveri. 未知水域：水资源短缺和变化的新经济学，世界银行，2017.

［17］De Groot，Rudolf，Mishka Stuip，Max Finlayson，Nick Davidson. 湿地价值评估：湿地生态系统服务效益价值评估指南. 《国际重要湿地公约技术报告》（3 号）/《生物多样性公约技术系列》（27 号）. 《国际重要湿地公约》秘书处，瑞士格朗和《生物多样性公约》秘书处，加拿大蒙特利尔，2006.

［18］Donoso Guillermo. 智利水资源市场的演变. 水权交易和全球水资源短缺：国际视角，英国牛津郡和纽约·未来资源出版社，2013：111–29.

［19］水利部发展研究中心. 我国水权交易市场建设的关键问题及政策建议. 2019.

［20］Christian Dufournaud. 论互惠型合作方案：国际流域方案支付矩阵的动态变化. 水资源研究，1982，18（4）：764–772.

［21］德国水资源、污水与固废管理协会（DWA）. DWA-Themen：Klimawandel Herausforderungen und Lösungsansätze für die deutsche Wasserwirtschaft". 2010.

［22］Takahiro Endo，Kaoru Kakinuma，Sayaka Yoshikawa，Shinjiro Kanae. 水资源市场是否在全球普遍适用. 环境研究快报，2018，13（3）.

［23］欧盟委员会环境部. 欧盟水资源立法——健康度检查，2020.

[24] 粮农组织（FAO）. 肥料使用量（千克/公顷耕地）. 世界银行数据库，2018.

[25] 冯建民. 全球基础设施中心：到2040年，中国将占全球基础设施投资的三分之一. SHINE新闻，2017年7月25日.

[26] Garrick, Dustin E., Jim W. Hall, Andrew Dobson, Richard Damania, R. Quentin Grafton, Robert Hope, Cameron Hepburn, Rosalind Bark, Frederick Boltz, Lucia De Stefano, Erin O'donnell, Nathanial Matthews, Alex Money. 可持续发展中的水资源价值评估. 科学，2017，358（6366）：1003–1005.

[27] 全球基础设施中心. 全球基础设施展望. 2017.

[28] Gonçalves, J. M., L. S. Pereira, S. X. Fang, B. Dong. 黄河流域上游一个灌区节水情景的模型构建和多标准分析. 农业水资源管理，2007，94（1）：93–108.

[29] Shiyao Gong, Yusheng Shi. 中国自然和人为来源综合月度网格化甲烷排放评估. 整体环境科学，2021（784）：147116.

[30] 昆士兰州政府. 学校水智慧教育资源. 2021.

[31] Grafton, Q., L. Chu, P. Wyrwoll. 水资源定价的悖论：二元性、困境和决策. 牛津经济政策评论，2020，36（1）：86–107.

[32] Grooten, M., R. Almond. 2018年地球生命力报告：志存高远. 世界自然基金会，2018.

[33] Groves, David G., Robert J. Lempert. 美国西部水资源治理机构应对气候变化适应性政策响应的识别和评估. 技术预测和社会变革，2010，77（6）：960–974.

[34] 国际水务智库（GWI）. 全球水价调查. 2020.

[35] Haerpfer, Christian, Alejandro Moreno, Christian Welzel, Ronald Inglehart, Kseniya Kizilova, Jaime Diez-Medrano, Marta Lagos, Pippa Norris, Eduard Ponarin, Bi Puranen. 世界价值观调查第7轮（2017-2020年）：跨国数据集. JD体系研究所和世界价值观调查协会秘书处，2020.

[36] Hall, Jim W., Robert J. Lempert, Klaus Keller, Andrew Hackbarth, Christophe Mijere, David J. McInerney. 不确定性下的强大气候政策：有效决策与信息差距方法的比较. 风险分析，2012，32（10）：1657–1672.

[37] Michael Hanemann, Michael Young. 水权改革和水资源交易：澳大利亚与美国西部对比. 牛津经济政策评论，2020，36（1）：108–131.

[38] Mette Halskov Hansen, Hongtao Li, Rune Svarverud. 生态文明：中国过去解读和全球未来预测. 全球环境变化，2018（53）：195–203.

[39] Herd, R. 中国各经济部门资本形成和资本存量的估计. 世界银行政策研究工作文件，2020.

[40] Daniel Hine, Jim W. Hall. 水灾模型不确定因素的信息差距分析和区域频率分析. 水资源研究，2010，46（1）.

[41] Chris Jacobson, Hirini Matunga, Helen Ross, R. Carter. 原住民视角的主流化：新西兰《资源管理法》实施25年. 澳大利亚环境管理杂志，2016，23（4）：331–337.

[42] Min Jiang, Michael Webber, Jon Barnett, Wenjing Zhang, Gang Liu. 成为水资源市场中介机构：中国水权交易所. 国际水资源开发杂志，2021：1–18.

[43] 蒋志刚，江建平，王跃招，张鹗，张雁云，李立立，谢锋，蔡波，曹亮，郑光美，董路，张正旺，丁平，罗振华，丁长青，马志军，汤宋华，曹文宣，李春旺，胡慧建，马勇，吴毅，王应祥，周开亚，刘少英，陈跃英，李家堂，冯祚建，王燕，王斌，李成，宋雪琳，蔡蕾，臧春鑫，曾岩，孟智斌，方红霞，平晓鸽. 中国脊椎动物红色名录. 生物多样性科学，2016，24（5）：500–551.

[44] Kadykalo, A., M. López-Rodriguez, J. Ainscough, N. Droste, H. Ryu, G. vila-Flores, S. Le Clec'h, M.C. Muñoz, L. Nilsson, S. Rana, P. Sarkar, K.J. Sevecke, Z.V. Harmá ková. "生态系统服务"与"自然对人类贡献"的脱钩. 生态系统与人，2019，15（1）：269–287.

[45] Kenter, Jasper O., Rosalind Bryce, Michael Christie, Nigel Cooper, Neal Hockley, Katherine N. Irvine, Ioan Fazey, Liz O'Brien, Johanne Orchard-Webb, NeilRavenscroft, Christopher M. Raymond, Mark S. Reed, Paul Tett, Verity Watson. 共同价值观和协商式价值评估：未来发展方向. 生态系统服务，2016（21）：358–371.

[46] Dilip Kumar. (2017). 恒河——历史、文化和社会经济属性. 水生生态系统健康和管理，2017（20）：1–2、8–20.

[47] Kwadijk, Jaap C.J., Marjolijn Haasnoot, Jan P.M. Mulder, Marco M.C. Hoogvliet, Ad B.M. Jeuken, Rob A.A. van der Krogt, Niels G.C. van Oostrom, H.A. Schelfhout, E.H. van Velzen, H. Van Waveren, M.J.M. de Wit. 利用适应转折点为气候变化和海平面上升做好准备：荷兰案例研究. 威利跨学科评论-气候变化，2010，1（5）：729–740.

[48] Laurent Lebreton, Anthony Andrady. 全球塑料垃圾生成和处置的未来情景. 帕尔格雷夫通讯，2019，5（6）：1–11.

[49] Yinghong Li, Jiaxin Tong, Longfei Wang. 中国河长制全面实施：成果与不足. 可持续发展，2020，12（9）：3754.

[50] Yuanjie Li, Zhuoying Zhang, Minjun Shi. 水资源短缺对京津冀城市带城市经济发展的制约作用. 可持续发展，2019，11 (8)：2452.

[51] Liang, C., D. Li, Z. Yuan, Y. Liao, X. Nie, B. Huang, X. Wu, Z. Xie.中国气候变化背景下的城市水灾和旱灾风险评估. 水文过程，2019，33 (9)：1349-1361.

[52] 林媚珍，纪少婷，吴华清，赵家敏. 广州白云山风景区森林游憩价值评估. 广州大学学报（自然科学版），2015，14 (6)：78-83.

[53] 马本，张莉，郑新业. 收入水平、污染密度与公众环境质量需求. 世界经济. 2017 (9)：147-171.

[54] Guoxia Ma, Fei Peng, Weishan Yang, Gang Yan, Shuting Gao, Ji Qi, Xiafei Zhou, Dong Cao, Yue Zhao, Wen Pan, Hongqiang Jiang, Hong Jing, Guangxia Dong, Minxue Gao, Jingbo Zhou, Fang Yu, Jinnan Wang. 2004 年到 2017 年中国环境退化的价值评估. 环境科学与生态技术，2020 (1)：100016.

[55] Ting Ma, Siao Sun, Guangtao Fu, Jim W. Hall, Yong Ni, Lihuan He, Jiawei Yi, Na Zhao, Yunyan Du, Tao Pei, Weiming Cheng, Ci Song, Chuanglin Fang, Chenghu Zhou. 污染加剧中国水资源短缺和区域不均衡. 自然通讯，2020 (11)：650.

[56] Miao, C., A.G.L. Borthwick, H. Liu, J. Liu. 中国河坝政策走到十字路口：拆除还是进一步建设. Wate，2015，7 (5)：2349-2357.

[57] 生态环境部. 中国生态环境状况公报. 2019.

[58] 生态环境部. 中国生态环境状况公报. 2020.

[59] 水利部. 水利建设项目经济评价规范（SL72-94）. 2016.

[60] 水利部. 水利部关于内蒙古宁夏黄河干流水权转换试点工作的指导意见. 2016.

[61] 财政部（MOF），国家税务总局（STA），水利部（MWR）. 水资源税改革试点暂行办法. 2016.

[62] Risako Morimoto, Chris Hope. 斯里兰卡一个水利工程的 CBA 模型. 全球能源问题国际杂志，2004，21 (1-2)：47-68.

[63] 湄公河委员会（MRC）. 2018 年流域状态报告. 2019.

[64] Celine Nauges, Dale Whittington. 替代市政水价设计方案的绩效评价：公平性、经济效益与成本回收之间取舍的量化. 世界发展，2017，(91)：125-143.

[65] Celine Nauges, Dale Whittington. 市政供水部门的社会规范信息处理：关于效益和成本的一些新见解. 水资源经济学与政策，2019，5 (3)：1850026.

[66] 新西兰节能管理局. 新西兰河流保护. 2011.

[67] 奥卡万戈流域水利委员会（OKACOM）. 库班戈-奥卡万戈河流域（CORB）基金资料单张. 2018.

[68] 欧阳志云，郑华，肖燚，Stephen Polasky，Jianguo Liu，Weihua Xu，Qiao Wang，Lu Zhang，Yang Xiao，饶恩明，Ling Jiang，Fei Lu，Xiaoke Wang，Guangbin Yang，Shihan Gong，Bingfang Wu，Yuan Zeng，Wu Yang，Gretchen C. Daily. 自然资本投资带来的生态系统服务改善. 科学，2016，352 (6292)：1455-1459.

[69] Pascual U., P. Balvanera, S. Díaz, G. Pataki, E. Roth, M. Stenseke, R.T. Watson, E. Başak Dessane, M. Islar, E. Kelemen, V. Maris, M. Quaas, S.M. Subramanian, H. Wittmer, A. Adlan, So Eun Ahn, Y.S. Al-Hafedh, E. Amankwah, S.T. Asah, P.M. Berry, A. Bilgin, S.J. Breslow, C. Bullock, D. Cáceres, H. Daly -Hassen, E. Figueroa, C.D. Golden, E. Gómez -Baggethun, D. González-Jiménez, J. Houdet, H. Keune, R. Kumar, K. Ma, P.H. May, A. Mead, P. O'Farrell, R. Pandit, W. Pengue, R. Pichis-Madruga, F. Popa, S. Preston, D. Pacheco-Balanza, H. Saarikoski, B.B. Strassburg, M. van den Belt, M. Verma, F. Wickson, N. Yagi. 自然对人类贡献的价值评估：IPBES 方法. 环境可持续发展评论，2017 (26-27)：7-16.

[70] 中华人民共和国《长江保护法》. 2020.

[71] Perera, D., V. Smakhtin, S. Williams, A. Curry, T. North. 老化的储水基础设施：新产生的全球风险. 加拿大汉密尔顿：联合国大学，水资源、环境和健康研究所，2021.

[72] 皮尤研究中心. 皮尤全球态度和趋势问题数据库. 2021.

[73] 新加坡国家水务局（PUB）. 积极、美丽、干净（ABC）水资源计划. 2021.

[74] 新加坡公用事业局. At School. 2021.

[75] 中央环保督察组：湖南仍现敷衍整改，洞庭湖生态形势严峻. 新京报，2019 年 5 月 5 日.

[76] Rea, Anne W., Wayne R. Munns Jr. 自然的价值：经济、内在还是兼而有之. 环境综合评估和治理，2017，13 (5)：95355.

[77] Leslie Richardson, John Loomis, Timm Kroeger, Frank Casey. 效益转移在生态系统服务价值评估中的作用. 生态经济学，2015 (115)：51-58.

[78] Peter Rogers. 解决国际流域问题的博弈理论方法. 水资源研究，1969，5（4）：749–760.

[79] Wesley Schultz, Shahram Javey, Alla Sorokina. 作为推动住宅节水工具的社会比较. 水资源前沿，2019，1（2）.

[80] Wanyun Shao. 1995 年到 2015 年间中国环境风险认知的变化. 中国城市化和社会经济影响，125–44. 新加坡：Springer 出版社，2017.

[81] Shuai Shao, Zhihua Tian, Meiting Fan. 富人为环境保护付费的意愿是否更强？中国调查的新证据. 世界发展，2018（105）：83–94.

[82] 中华人民共和国国家环境保护总局. 水电水利建设项目河道生态用水、低温水和过鱼设施环境影响评价技术指南. 2006.

[83] 中华人民共和国国家税务总局. 河北：水资源费改税试点一年，水资源税申报超过 18 亿元". 中华人民共和国国家税务总局，2017 年 7 月 24 日.

[84] Martin Stavenhagen, Joost Buurman, Cecilia Tortajada. 城市节水：欧洲四个城市住宅用水需求管理政策评估. 城市，2018，（79）：187–195.

[85] Darren Swanson, Stephan Barg, Stephen Tyler, Henry David Venema, Sanjay Tomar, Suruchi Bhadwal, Sreeja Nair, Dimple Roy, John Drexhage. 制定适应性政策的七种工具. 技术预测和社会变革，2010，77（6）：924–939.

[86] Xianqiang Tang, Rui Li, Ding Han, Miklas Scholz. 富营养化对营养物和水文状况变化的响应：长江流域案例研究. 水资源，2020，12（6）：1634.

[87] 2021 年联合国世界水资源发展报告. 联合国教科文组织，2021.

[88] Van Niekerk, P, Du PlessisJ. 单位参考价值：在跨流域引水工程中的运用. 南非水杂志，2013，39（4）：549–554.

[89] Walker, Warren E., Marjolijn Haasnoot, Jan H. Kwakkel. 适应或消亡：深度不确定性下适应性规划方式的考察. 可持续发展，2013，5（3）：955–979.

[90] Hua Wang, Yuyan Shi, Yoonhee Kim, Takuya Kamata. 中国水质改善价值评估：云南省普者黑湖案例研究. 生态经济学，2013（94）：56–65.

[91] Jinxia Wang, Yanrong Li, Jikun Huang, Tingting Yan, Tianhe Sun. 中国日益严重的水资源短缺、粮食安全和政府应对措施. 全球粮食安全，2017（14）：9–17.

[92] Jinxia Wang, Yunyun Zhu, Tianhe Sun, Jikun Huang, Lijuan Zhang, Baozhu Guan, Qiuqiong Huang. 中国四十年灌溉发展和改革. 澳大利亚农业和资源经济学杂志，2020，64（1）：126–149.

[93] Wheeler, Kevin G., David E. Rosenberg, John C. Schmidt. 科罗拉多河水资源模型：当前和未来战略. 科罗拉多河研究中心. 2019.

[94] Wishart, Marcus, Tony Wong, Ben Furmage, 廖夏伟, David Pannell, 王建彬. 基于自然的解决方案效益价值评估：中国城市综合水灾治理手册. 世界银行. 2021.

[95] 赞比西河流域：跨部门投资机会分析：总结报告. 世界银行. 2010.

[96] 中国——新疆吐鲁番水资源治理模式. 世界银行. 2010.

[97] 高海拔干旱之地：气候变化、水资源和经济. 世界银行. 2016.

[98] 中国–云南城市环境建设项目. 世界银行. 2018.

[99] 缺水城市：在有限世界中繁荣发展. 世界银行. 2018.

[100] 世界银行. "流域：中国水资源治理的新时代：主题报告". 华盛顿特区：世界银行，2019.

[101] 基于世界银行人均国民总收入数据的世界银行分析. 世界银行. 2020.

[102] 中国生态补偿：推进绿色中国建设的激励性政策的发展趋势和机会. 世界银行. 2021.

[103] 世界卫生组织（WHO），联合国儿童基金会（UNICEF）. 环境卫生与饮用水进展：2015 年最新情况与联合国千年发展目标评估. 日内瓦：世界卫生组织出版社，2015.

[104] 世界自然基金会（WWF）. 2020 年长江生命力报告. 2020.

[105] Jintao Xu, Yiying Cao. SLCP 的社会经济影响和可持续性. 天然森林保护项目和坡耕地退耕项目的实施——经验教训和政策建议，中国环境与发展国际合作委员会中国西部森林和草原工作组（CCICEDWCFGTF）. 北京：中国林业出版社，2001.

[106] Xu, Lixin C.; Jing Zhang. 水质和教育：中国农村饮水安全项目. 世界银行. 2014.

[107] Kehui Xu, John D. Milliman, Hui Xu. 1951 年以来中国主要河流降雨和径流的时间分布趋势. 全球和行星变化，2010，73（3–4）：219–232.

[108] 徐勇，王传胜. 黄河流域生态保护和高质量发展：框架、路径与对策. 中国科学院院刊，2020，35（7）：875–883.

[109] 耶鲁大学. 环境绩效指数. 2020.

[110] 黄河水利委员会. 黄河水权转换管理实施办法，2016.

[111] Young，R.，J. Loomis. 水资源经济价值的确定：概念和方法（第二版）. 华盛顿特区：RFF 出版社. 2014.

[112] Zahran Sammy，Shawn P. McElmurry，Richard C. Sadler. 弗林特市水资源危机的四个阶段：儿童血铅水平的证据. 环境研究，2017（157）160–172.

[113] 查爱苹，邱洁威. 基于旅行费用的杭州西湖风景名胜区游憩价值评估研究. 旅游科学，2015，29（5）：39–50.

[114] Jing Zhang. 水质的健康影响：中国农村饮用水基础设施项目的证据. 健康经济学杂志，2012，31（1）：122–134.

[115] Kang Zhang，Xianhong Xie，Bowen Zhu，Shanshan Meng，Yi Yao. 黄河流域的意外地下水回收和农业灌溉减少. 农业水资源管理，2019（213）：858–867.

[116] Qiong Zhou，Yuyao Wang，Meng Zeng，Youliang Jin，Huixiang Zeng. 中国河长制能否改善法人水资源披露？一次准自然试点. 清洁生产杂志，2021（311）：12770.

中国生态文明建设中的水价值：识别、评估与实现